大规模生物网络构建与分析

**Construction and Analysis of Large-scale
Biological Networks**

刘　伟　　谢红卫　著

国防科技大学出版社
·长沙·

图书在版编目（CIP）数据

大规模生物网络构建与分析/刘伟，谢红卫著．—长沙：国防科技大学出版社，2017.12（2019.7重印）
ISBN 978 - 7 - 5673 - 0482 - 6

Ⅰ．①大…　Ⅱ．①刘…②谢…　Ⅲ．①机器学习—分析方法
Ⅳ．①TP181

中国版本图书馆 CIP 数据核字（2017）第 017198 号

大规模生物网络构建与分析
DAGUIMO SHENGWU WANGLUO GOUJIAN YU FENXI

国防科技大学出版社出版发行
电话：（0731）84572640　邮政编码：410073
责任编辑：魏云江
新华书店总店北京发行所经销
国防科技大学印刷厂印装

*

开本：740×960　1/16　印张：12.5　插页：2　字数：202千
2017 年 12 月第 1 版 2019 年 7 月第 2 次印刷　印数：301 - 800 册
ISBN 978 - 7 - 5673 - 0482 - 6
定价：40.00 元

前　言

　　生物分子网络是描述复杂生命系统的最直接、最有力的工具之一。研究生物网络是了解生命活动过程的重要途径。随着实验方法的改进和实验数据的积累，对已有生物网络数据的分析和利用成为生物学家面临的一大挑战，而相关的生物信息学分析方法成为近年来研究的热点。本书总结了本课题组近年来在生物网络构建与分析领域的主要研究成果，旨在使用生物信息学方法解决生物网络的结构分析、信号流走向确定、人体组织特异网络构建以及基于网络的疾病研究等问题。

　　第 1 章介绍生物网络分析的通用生物信息学方法。内容包括生物网络的基本组成、一般作用方式和特点，生物网络研究的几个主要阶段以及生物信息学在生物网络研究方面取得的最新进展。

　　第 2 章提出了一种新的指标来度量生物网络中节点属性的重要性。在信号网络中，衡量单个蛋白质的重要性有助于发现细胞信号转导过程中关键的蛋白质以及生物系统的薄弱环节，进一步辅助疾病诊断，具有重要的理论意义和实用价值。但是该领域中缺乏这方面的评价指标，因此本章提出了一种新的指标 SigFlux。该指标与基因必要性和进化速率显著相关，表明它可以用于度量信号网络中单个蛋白质的重要性。同时，发现高 – SigFlux 值、低 – 连接度的蛋白质在重要分子如受体和转录因子中显著富集，证明该指标能够在整个网络的范围内度量蛋白质的重要性。

　　第 3 章提出了多种生物信息学方法来预测信号转导网络中的信号流走向。在生物网络中，信号流走向是蛋白质相互作用的重要属性。然而，目前高通量技术得到的大部分蛋白质相互作用都被假定为是没有方向的。为了解决这个问题，本章分别基于结构域、功能注释和蛋白质序列信息来预测蛋白质相互作用对之间的信号流走向，用于推断信号网络中蛋白质相互作用的信号流走向。以人、小鼠、大鼠、果蝇和酵母中已知方向的蛋白质相互作用作为黄金标准阳性集，蛋白质复合体作为标准阴性集。采用交叉验证对该方法进行评估，证实该方法具有较高的准确率和覆盖度以及较低的错误率。进一步，本章采用贝叶斯方法整合结构域、蛋白质功能等多种数据源进行信号流走向的预测，利用综合的似然比打分值判断方向，相比任意单个预测方法具有最高的可信度和最广的应用范围。本章将发展的新方法用于整合的人类蛋白质相互作用网络，推断出一个高可信的有向信号网络。该网络包含了大量潜在的信号通路，且与已知数据库的重合部分具有较高的一致属性。比较原有通路预测方法，本章提出的方法可用于蛋白质组规模的相互作用中信号流走向预测，提供蛋白质相互作用网络的整体方向性注释，为生物网络研究提供全新的理解。

第4章介绍人体组织特异网络的构建与分析方法。首先讨论基因组织特异性的定义和检测方法，然后比较了看家基因和组织特异基因的不同功能和特点，最后以人类组织特异表达数据为基础构建人的各种组织特异网络，并分析了它们的网络属性。

最后两章讨论了生物网络与疾病相关的研究成果。第5章介绍了基于生物信息学的癌基因和药物靶标发现方法，提出了一种新的基于网络特征、序列特征和功能注释信息的癌基因发现方法。第6章则将组织特异网络与疾病异常类相结合，研究了生物网络属性与疾病异常类之间的关联关系。

感谢国防科技大学生物信息学课题组全体老师和同学在研究中的贡献和支持。感谢北京蛋白质组学研究中心的老师在作者学习过程中给予的培养和帮助。本书作为生物网络研究方面的专著，可作为高等院校生物信息学相关专业师生的参考书。由于著者的水平有限，本书的选材和文字难免存在不当和疏漏之处，敬请读者不吝批评指正。

作　者

2017 年 10 月于国防科技大学

目　录

第3章 蛋白质相互作用中的信号流走向预测

第4章　人体组织特异网络的构建与分析

第5章 基于生物信息学的药物靶标发现

第 6 章　生物网络属性与疾病关联研究

第1章 生物网络的信息学分析方法

生物网络是描述复杂生命系统的最直接、最有力的工具之一，其中节点对应系统中的基因或者蛋白质，两节点之间的连线则表示分子之间的相互作用。很多生命活动都涉及多种分子的协同作用，按照生物网络发挥的主要功能可以分为蛋白质相互作用网络、代谢途径、信号转导网络和基因调控网络等。针对各种生物网络数据，人们已经开展了大量的研究工作，如采用复杂网络理论对生物网络的度分布、聚集系数、小世界特性的研究，采用子图搜索算法和子图比较算法挖掘生物网络模体，采用聚类方法挖掘生物网络模块，多物种中生物网络的比较研究等。但这些分析方法都是基于静态的分子网络模型，即假定一对蛋白质能够发生相互作用，那么在这两个节点之间存在一个连接，网络的结构和特性不随着时间和条件的改变而改变。在实际生物系统中，网络时刻都在发生改变，也正是这种改变才使得生物体能够对外界刺激快速作出响应，完成各种复杂的生物学功能。因此，对生物网络进行动态分析是揭示生物系统运行规律的关键[1-3]。

动态生物网络的研究历史分为三个阶段。第一阶段：在对单个节点属性的分析过程中，人们发现部分节点展现出很强的动态性，可依据节点在不同条件下的表达变化情况进行划分，并且各类蛋白质因其动态性差异具有特定的功能。第二阶段：通过将静态相互作用与基因表达或代谢流量相结合，提取那些在不同实验条件下呈现活跃状态的节点和相互作用，构建条件特异的相互作用网络，如动态的蛋白质复合物、时间特异子网、组织特异子网等。第三阶段：以实验方法直接测定不同条件、不同物种以及不同时间对应的相互作用网络，对网络的动态行为进行分析和模拟。这些研究的主要目标是：从表征系统的绝对属性过渡到分析在特定情况下的系统动态响应，揭示生物系统的内部运行机制。下面就按照这三个阶段对动态生物网络的研究作一介绍。

1.1 静态网络属性分析

自然界和人类社会中存在的大量复杂系统可以通过形形色色的复杂网络加以描述。一个典型的复杂网络由许多节点和连接节点之间的边组成，其中节点代表复杂系统中不同的个体，每个节点都有自身的动力学行为，边代表个体之间的相互作用。互联网、超文本传输协议、食物链网络、基因网络、蛋白质相互作用网络、无线通信网络、高速公路网、电力网络、神经网络、超大规模集成电路、人体细胞代谢网络、流行病传播网络等都是复杂网络，如图1-1所示。

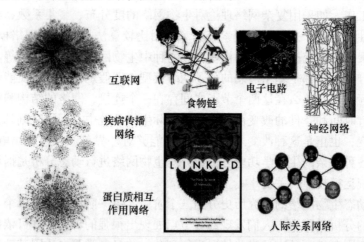

图1-1 网络作为一种通用的语言用于表征多种复杂系统

网络作为一种通用的语言，提供了一个强大的表示和分析工具。当把一个系统描述为网络的形式之后，就可以用图论的理论分析网络的统计性质，如用网络的平均路径长度、度分布、聚类系数等来描述网络。目前，基于复杂网络的分析方法，研究人员已开展了大量针对生物网络数据的研究工作，如采用复杂网络理论对生物网络的度分布、聚集系数、小世界特性的研究，采用子图搜索算法和子图比较算法挖掘生物网络模体，采用聚类方法挖掘生物网络模块等。下面对这些方法作一介绍。

1.1.1　单个节点的属性

网络是一个包含大量个体与个体之间相互作用的系统，可以用节点和节点之间的作用关系构成的图 $G = (V, E)$ 来表示，其中 V 代表顶点集合，E 代表边集合。按照图中的边是否有方向，可以把图分为有向图和无向图。图 1-2 给出了一个生物网络的示意图。

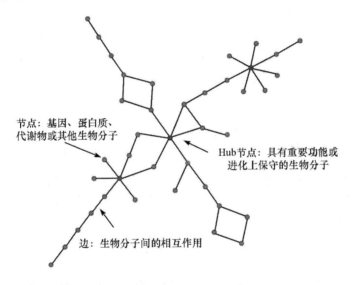

节点：基因、蛋白质、代谢物或其他生物分子

Hub节点：具有重要功能或进化上保守的生物分子

边：生物分子间的相互作用

图 1-2　生物网络结构示意图

描述网络拓扑属性的常用指标包括连接度（degree）、聚集系数（clustering coefficient）、最短路径长度（shortest path length）、介度（betweenness）等。

1.1.1.1 连接度

连接度定义为与某个节点发生相互作用的其他节点的数目。对于无向图，连接度是图中某节点的边的数目。对于有向图，连接度定义为出度和入度的和。网络的度分布是指随机地选择一个节点，其连接度为 k 的概率 $P(k)$，它是度量网络属性的重要指标。

网络中存在少量连接度很高的节点则称为中心（hub）节点。作为网络中的枢纽，中心节点在生物的进化和维系相互作用网络的稳定性等方面有着不可替代的作用。这些蛋白质往往参与重要的生命活动，并发挥关键的生物学功能。通过比较中心节点和其他节点在生物学重要性上的区别，可以发现中心节点具有很高的必要性，即在基因敲除实验中更容易导致个体的死亡，并且发现其进化速率也受到一定的抑制。

1.1.1.2 聚集系数

聚集系数描述了顶点的邻接点之间连接的可能性。网络中一个节点 i 的聚集系数 C_i 定义为：

$$C_i = 2n_i / k_i \cdot (k_i - 1) \tag{1-1}$$

其中，n_i 表示与节点 i 相连的 k_i 个节点之间的边的数目。

网络的平均聚集系数定义为全部节点聚集系数的平均值。聚集系数可以反映网络的模块性质，平均聚集系数越大，表明网络中存在的模块结构越多。

1.1.1.3 最短路径长度

已知网络中的两个节点 i 和 j，最短路径 l_{ij} 定义为所有连通 (i, j) 的通路中，经过其他顶点最少的一条（几条）路径，其长度称为最短路径长度。平均路径长度是对网络中任意一对顶点的最短路径长度求平均，用于描述网络中分离任意两个顶点所需的平均步数。

1.1.1.4 介度

节点的介度定义为：所有的节点对之间通过该节点的最短路径的条数。介度反映了一个网络中节点可能需要承载的流量。节点的介度越大，流经它的数据分组越多，意味着它更容易拥塞，成为网络的瓶颈。通常，中心节点的介度往往很大。

通过分析生物网络中单个节点的拓扑属性，能够衡量网络中单个蛋白质的重要性，从而有助于发现细胞过程中关键的蛋白质以及生物系统的薄弱环节。例如，致病基因通常具有较高的连接度，与其他致病基因距离较近，因此分析网络属性可用于发掘新的致病基因，进一步辅助疾病诊断和治疗。同时，通过分析网络中所有节点的拓扑属性，可以帮助人们了解完整的生物网络所具有的规律和特点。

1.1.2　子网络

结构模块是网络中由少量节点（表示基因、蛋白质或者其他生物分子）按照一定拓扑结构构成并且相对于随机网络在网络中显著出现的小规模模式。在酵母转录调控网络中，人们提出了六种网络模块，它们分别是自调控（auto-regulation）、多组件回路（multi-component loop）、前馈回路（forward loop）、单输入模块（single input motif）、多输入模块（multi-input motif）和调控链（regulator chain），如图 1 - 3 所示。实际上，这六种模块广泛存在于各种生物学网络中，它们主要是一些具有结构特征的模式，是网络复杂结构构成的基本单元。有学者做了一个生动的比喻，生物模块就像我们玩过的乐高玩具插件，很多不同形状和大小的乐高插件通过相同的协议规则发生相互作用，从而搭建出变化多端的结构。不同插件可以在新的组合中重复使用，丢失或者损失的插件也很容易被替代，新的插件源源不断地被推出，系统正是通过这种方式逐渐地演化。

通过鉴别各种内部高度连接的节点集合，可以将生物网络划分成不同的结构模块，模块是发挥特定的生物学功能的基本单位。例如，在基因调控网络中，一些生物大分子集合共同调控细胞周期的不同时相过程；蛋白质相互作用网络中，蛋白质复合物、蛋白质 - DNA 复合物构成的模块是很多生物功能的核心部件；信号转导网络中，各种信号通路展现了对不同信号流向的控制。在实际网络中，各种模块并非同样显著，每个网络都会有一系列独特的模块类型。这些模块揭示了相互作用模式的特点，表现了该网络的特征。

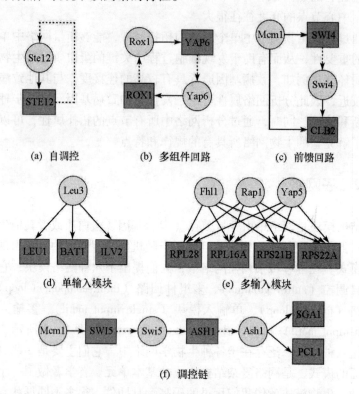

(a) 自调控   (b) 多组件回路   (c) 前馈回路

(d) 单输入模块   (e) 多输入模块

(f) 调控链

说明：虚线表示自调控，圆形节点表示调控因子，方形节点表示被调控因子。
图 1-3   酵母转录调控网络中的六种模块

1.1.2.1   网络模块的搜索算法

由于网络模块的划分方法多种多样，可以将网络划分为包含 10 ~ 20 个成员的子集合，也可以划分成更大或者更小的模块，可能产生上亿的组合方式。模块划分并非是很简单的任务。为了识别和理解结构模块以及它们之间的关系，人们开发了多种工具用于分析网络的模块性，如专门针对 KEGG 网络开发的 PathwayBlast 软件等。Milo 等首次将生物网络与随机网络进行比较，寻找具有统计显著性的模块，并证实结构模块具有重要的信息处理作用。其基本原理如图 1-4 所示，在一个真实

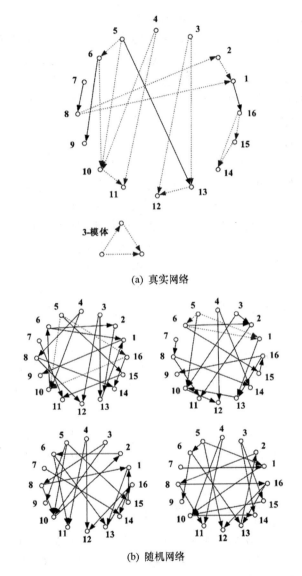

(a) 真实网络

(b) 随机网络

　　说明：图中虚线部分为待搜索模块，网络模块是在真实网络中比随机网络中出现得明显更加频繁的模式。随机网络中，每个节点与真实网络中的对应节点具有相同的出度和入度。

图 1-4　网络模块搜索示意图

网络中搜索如图 1-4(a)中下部所示的 3-节点模块,考察该模块在真实网络中是否显著富集。为此,需要构建大量的随机网络作为参照,为保证结果可信,随机网络中每个节点与真实网络中的对应节点具有相同的出度和入度。可以看到,在真实网络中,这种网络模块大量存在,而在构建的随机网络中出现次数较少。通过统计性的分析和比较,可确定该模块在实际网络中的富集程度。但是在该方法的搜索过程中采用了穷举法,其所需的计算时间会随着网络规模的增大而迅速增加。因此,Kashtan 等提出了一种基于子网随机采样的新方法,搜索具有统计显著性的结构模块,可以用于复杂网络的模块分析,并且提供了一种现成的工具 MFinder。最近几年,该领域的研究人员提出了很多基于随机采样的方法以及改进的快速方法,开发了更加便捷的模块搜索工具,如MAVisto 和 FANMOD 等。结构模块划分作为网络生物信息学分析的基本方法,与模块功能紧密相关,为网络的功能分析和生物学解释提供了很大的帮助。

比较现有的网络模块搜索工具,可以发现它们存在一些共性的问题:

(1) 搜索效率问题。由于基于统计显著性比较的方法需要产生大量的随机网络,因此在搜索过程中要进行大量的运算,特别是面对大规模的蛋白质相互作用网络,为了批量地得到所有的网络模块,需要进行复杂的长时间的计算过程。

(2) 模块大小限制。现有工具主要针对 3-节点和 4-节点模块进行搜索,当模块中蛋白数量较大时,基于统计显著性比较的方法往往由于运算时间过长而难以奏效。

1.1.2.2 网络模块的生物学意义

控制回路是生物学系统的必要组成部分,是系统实现其生物学功能的基本单位,如表 1-1 所示。通过搜索大规模信号转导网络中结构模块,可以发现其中存在大量 3-节点和 4-节点的显著富集模块。结果发现,大部分显著富集的模块为前馈回路,而不是反馈回路。前馈回路可以形成多层感知器模块,组成信号通路的级联结构。同时,前馈回路还可以实现信号的多通路传递,保证部分分子缺失时系统的稳定性。

表 1-1　网络模体的生物学意义

模体类型	图例	作用
负自身调节	X	加快响应时间，减少 X 浓度的细胞可变性
正自身调节	X	减缓响应时间，可能的双稳态
协调前馈环	X ↓ Y ↓ Z	当 Z 输入函数是逻辑 AND 时，信号敏感的延迟过滤掉短暂的 ON 输入脉冲；当 Z 输入函数是逻辑 OR 时，则过滤掉 OFF 脉冲
非协调前馈环	X ↓ Y ↓ Z	生成脉冲信号，加速信号敏感响应
单输入模块	X Y_1 Y_2 … Y_n	协同控制，按时间顺序启动各启动子的活性
多输出前馈环	X Y Z_1 Z_2 … Z_n	对每个信号起前馈环作用，按时间顺序开启各启动子的活性
双扇	X_1 X_2 Y_1 Y_2	基于多输入的组合逻辑，依赖每个基因的输入函数
致密重叠调节因子	X_1 X_2 … X_n Y_1 Y_2 … Y_m	

在基因调控网络中，也广泛存在着多种结构模块，不同的模块表明了调控信号不同的传导方式。例如，大肠杆菌的转录调控网络没有反馈回路，说明原核生物基因调控机制相对简单。而对于真核生物，反馈是一个重要的机制，它在生命过程中具有举足轻重的作用。最近研究表明，负自反馈不仅加快了基因通路（gene circuit）的响应时间，而且能减小各个细胞内蛋白质水平的差异，而正自反馈则与之相反，它减慢了基因通路的响应时间，增加了各个细胞之间的差异。进一步，基于单个调控关系的种类（激活和抑制两种），前馈回路可以划分为一致的（coherent）和不一致的（incoherent）两类。其中，一致的前馈回路可以看作是转录网络中的一个信号敏感延迟元件，而表中第一种不一致前馈回路则能产生一个脉冲信号并且加速系统的响应。在不同生物体的基因调控网络中，各种控制回路出现的频率不同，以体现系统的特异性并保证相应功能的实现。

1.1.3 总体属性

通过分析网络中节点的拓扑属性，发现实际网络中存在一些普适的规律。按照网络的结构特点，可以分为三种常见的网络类型（图1-5）。第一种是随机网络，其连通度分布符合泊松分布，在大尺度情况下近似服从正态分布。第二种是无尺度网络，其连通度分布符合幂率分布，平均聚类系数近似为常数。第三种是层次网络，其连通度分布符合幂率分布，平均聚类系数与连通度的倒数成正比。研究发现，大部分的生物网络都属于无尺度网络，并具有小世界属性、高聚集性和鲁棒性。

1.1.3.1 生物网络的高聚集性

聚集系数的值是网络潜在模块化的标志。模块是指协同运作以实现相对独立功能的一组生理上或功能上相联系的结点。在实际生物系统中，可以普遍地观察到模块的存在。网络中的每一个模块都能被约化为一系列的三角形，这些三角形的密度可以由聚集系数 C 的值来体现，而所有结点的平均聚集系数则表征了相互作用的结点聚集成结点群（模块）的整体趋势。至今研究所涉及的细胞网络，包括蛋白质相互作用网

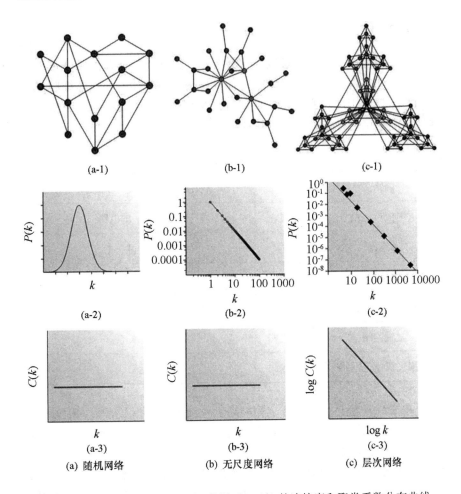

(a-1)   (b-1)   (c-1)

(a-2)   (b-2)   (c-2)

(a-3)   (b-3)   (c-3)

(a) 随机网络   (b) 无尺度网络   (c) 层次网络

说明：图（a-2）和（a-3）是图（a-1）的连接度和聚类系数分布曲线，其他两列图同。

图 1-5 三种常见网络结构比较

络、蛋白域网络、代谢网络等，都有着很高的平均聚集系数，表明高聚集性是生物网络的一个本质特性。高聚集性反映了细胞网络的高度模块化，而细胞功能可能就是以一种高度模块化的方式来实现的。

1.1.3.2 无尺度性质

如果网络中节点的连接度分布具有幂指数性质，那么该网络是无尺度网络。许多现实中的网络结构，如因特网、人类社会和人体细胞代谢网络等，都属于无尺度网络，或者有无尺度的特性。表1-2给出了一些无尺度网络的例子。

表1-2　无尺度网络举例

网络	节点	连接
电影演员网络	演员	出演同一部电影
万维网	网页	超链接
因特网	路由器	物理连接
蛋白质相互作用网络	蛋白质	蛋白质之间的相互作用关系
金融网络	金融机构	借贷关系
美国飞机航班网络	机场	飞机航线

在拓扑属性上，大部分生物网络，包括蛋白质相互作用、信号转导网络、基因调控网络等都具有无尺度性质，即蛋白质的连接度$P(k)$服从幂律分布，$P(k) \propto k^{\gamma}$。这里γ是连接度指数，γ的值越小，中心节点在网络中的地位越重要。图1-6给出了酵母蛋白质相互作用网络图，它具有无尺度属性。对于生物学网络，一般$2 < \gamma < 3$。在无尺度网络中，少数节点连接度非常高，可以同很多节点发生相互作用；而大部分节点具有较低的连接度，只能同少数节点发生相互作用。相对随机网络，无尺度网络能够在外界刺激下保持网络整体结构的稳定性。

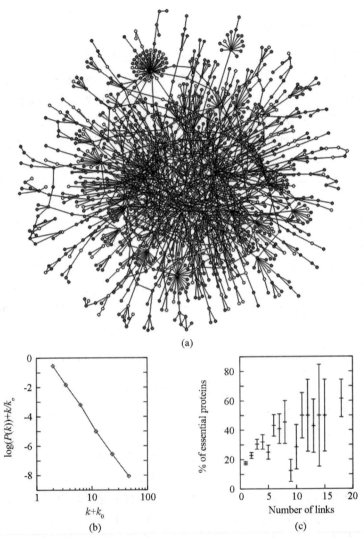

(a)

(b)　　　　　　　　　(c)

说明：（a）蛋白相互作用网络图中最大的类，包含全部蛋白的近 78%。（b）相互作用网络中蛋白的连接度分布 $P(k)$，发现其满足幂律分布。（c）考察不同连接度对应蛋白质的重要性，横轴为连接度为 k 的蛋白质数目，纵轴为它们是必要蛋白（具有致死性）的比例，统计分析表明蛋白质的连接度和致死性之间具有正相关，皮尔森线性相关系数 $r = 0.75$。

图 1-6　酵母中的蛋白质相互作用网络

1.1.3.3　小世界属性

现实生活中大量存在陌生人由彼此共同认识的人而连结的小世界现象。如果将这种现象抽象表示为网络，那么在这种网络图中大部分节点不与彼此邻接，但从任一节点出发经少数几步就可到达目标节点。这样的网络称为小世界网络。网络中节点之间的平均最短路径长度定义为网络直径，用于衡量网络中节点的内部连通能力。网络的平均最短路径越短，表明网络内部连通能力越强。很多网络具有小世界属性，如互联网、演员关系网、电路网络等；并且很多复杂网络被证明具有较低的网络直径，比如著名的人际关系网络直径为6，即世界上的任何两个人，平均只需通过6个人就可以认识对方。

研究发现，大部分的生物学网络具有小世界的特征，而且其网络直径较小。蛋白质相互作用网络的直径保守在4和5之间。例如，《自然》杂志报道的人蛋白网络直径为4.9，《细胞》杂志报道的人蛋白网络直径为4.8。相比大的网络直径，小的直径被认为可以增强机体对外界和内部扰动的反应效率，对机体的生存具有积极意义。

1.1.3.4　网络无尺度与小世界属性的起源与进化

从前面介绍可知，蛋白质相互作用网络拥有无尺度分布和小世界性质。前者是指网络中连接度为 k 的节点出现的概率 $P(k)$ 满足幂律分布。而当网络具有较短的平均最短路径长度和较高的平均聚集系数时，此网络就满足小世界性质。生物网络不同于随机网络的无尺度分布、小世界性质和模块化结构等是如何起源和进化的？这些特性的存在是生物体长期进化过程中自然选择的结果，还是存在着某些内在约束机制使其不可避免？为了回答这些问题，研究人员做出了很多努力。

有研究人员发现，无尺度网络结构对网络中随机节点的去除表现出很好的鲁棒性（robustness），但不能抵抗中心节点的去除，而较快的扰动传播速度和较小的反应时间与小世界性质有关，这些在功能上存在一定优势的特性可能是在自然选择的作用下产生的。目前，人们已经提出了一些理论模拟的方法，通过建立一定规则的网络生长模型获得与真实网络具有相似拓扑特性的网络，用于推断蛋白质网络的进化过程。学者们先后提出了多个无尺度和小世界网络的进化模型，其中最有代表性的是优先连接模型和复制－分歧模型。

（1）优先连接模型

1999 年，Barabasi 和 Albert 等提出了优先连接模型（preferential attachment model），这是用于解释网络结构形成问题的最早且最简单的模型。在该模型的网络生长过程中，新添加的节点与现存节点的连接度成比例地连接到网络中的现存节点上。进行仿真实验，发现利用此模型产生的网络具有无尺度性质。在酵母蛋白质相互作用数据集中，研究人员对模型进行了测试。结果发现，蛋白质年龄与连接度之间存在强烈而显著的关系，即蛋白质起源越早，其连接度越高。这些研究支持了网络生长过程中优先连接机制的存在。

（2）复制－分歧模型

2002 年，研究人员提出了蛋白质相互作用网络的复制－分歧模型（duplication-divergence model）。在该模型中，网络中的蛋白质被随机选择并复制，且伴随着该蛋白质参与的所有相互作用。然后，基因突变导致副本和原蛋白逐渐发生分歧，表现为它们参与的相互作用发生改变。复制－分歧模型可以理解为发生于基因组上的变化在网络拓扑结构变化上的体现。在选择适当参数的情况下，由复制－分歧模型进化来的网络满足无尺度和小世界特性。同样，以酵母中蛋白质相互作用网络为模板进行的测试支持了该模型的有效性。而且，当模型参数选择合理时，利用复制－分歧模型进化得到的网络除了满足无尺度性质外，还具有真实网络的紧密度分布和介数分布等，而利用优先连接模型则无法获得。

虽然优先连接模型提出得最早，并且得到了部分文献的支持，但是从近年来发表的文献看，该模型并非当今学术界认可的主流。其中一个重要原因是，这种连接过程并不能与真正的生物学过程对应起来。而复制－分歧模型越来越受到认可，它可能揭示了真实的蛋白质相互作用网络进化所遵循的规则。已经有研究证明，在酵母中至少有 40% 的蛋白质相互作用来源于复制事件。

1.1.3.5　生物学系统的鲁棒性

细胞生活在复杂多变的内外环境中，某些基因可能出现突变或缺失，各种营养物质及温度、pH 值变化，细胞内部 mRNA 和蛋白质合成也存在着随机涨落。这就要求细胞在这些环境下，重要的生物学状态和基本的生物学过程保持稳定。鲁棒性是生物系统的一个独特属性，对于理解复杂疾病原理及其治疗设计极为重要。在控制论中，鲁棒性是指系统在内外干扰下保持自身功能的能力，它使得系统能够用不可靠的元件在不可预知的环境中稳健地运作。

生物网络用于保持其系统稳定性的方式主要有：

（1）生物通路和生物分子的冗余性。生物系统中可以经多条途径来实现某一生物功能，当其中一条途径发生问题时，可以由其他冗余的途径来实现功能，称为通路冗余。对于重要的生物学过程，网络结构中通常会出现相近功能的备份节点。例如，酵母细胞周期中的 Clb5 和 Clb6 蛋白，它们的基因具有同源性，49.7% 相同的可确定残基和类似的功能。

（2）网络中的反馈机制。多数的生物系统是通过正、负反馈两种机制联合作用实现系统的功能和维持系统的鲁棒性，负反馈在对抗干扰并保持鲁棒性中发挥了重要作用，而正反馈通过增强刺激强度使系统鲁棒性增强。例如，大肠杆菌中的化学趋向性网络就是通过负反馈来实现鲁棒性的。

（3）功能模块化。生物网络中执行某一生物功能的子网络相对独立，模块内部联系密切，模块之间相互作用较少。这样可以避免局部失效可能导致的系统整体崩溃。

（4）结构稳定。生物网络所具有的无尺度分布、小世界性质和层次模块化结构等，使得网络对参数变化、噪声和微小突变不敏感，增强了系统对于环境改变的鲁棒性。

尽管如此，鲁棒性也是双刃剑，鲁棒性能够增强系统对于常见干扰的适应性，但对于新的未知干扰，系统却极端脆弱。在鲁棒性与脆弱性、性能与资源需求之间，存在折中。比如，细菌趋化性中，负反馈能够提高细菌跟随化学梯度的能力，使其对外界化学浓度的改变具有鲁棒性，但是如果没有负反馈，细菌会游动得更快，鲁棒性的代价是游动速度的降低。

很多复杂疾病都可以从鲁棒性伴随脆弱性的角度来理解。比如正常生命系统对能量供应相对不足、接近饥饿的状态具有鲁棒性，但异常的过度营养而低能量需求的生活方式则可能使系统失去鲁棒性，导致糖尿病的发生。此外，生物体正常的鲁棒性也可能会被疾病利用，从而使机体自身调节和药物治疗失去效果。如抗药性是由 MDR1 和其他基因的正向调节产生的，这些基因的产物将有毒化学物质排出细胞，在正常情况下保护生物体的安全，但是在癌症中被肿瘤用于保护恶性细胞，使其具有抵抗药物的能力。又如艾滋病中，HIV 侵染 CD4 – 阳性 T 细胞，当细胞启动抗毒响应时则被大量复制。HIV 充分利用了 T 细胞的鲁棒免疫响应机制。对于这些疾病的治疗，也应该从鲁棒性的角度来设计，即寻找伴随这些鲁棒性的弱点，重新建立对鲁棒性的控制。

1.2　单个节点的动态属性分析

在生物网络中，用于描述单个蛋白质拓扑属性的常用指标有连接度、聚集系数、最短路径长度和介度，它们可以衡量网络中节点的重要性、模块性、连通性和承载流量等。但这些指标主要针对静态网络进行设计，很难刻画出网络中节点的动态特性。

为了更好地理解蛋白质相互作用网络和蛋白质复合物的动态组织规律，人们在相互作用网络的范围内对重要蛋白质的瞬态行为开展了研究工作。这些研究将蛋白质的基因表达谱与网络拓扑属性将结合，揭示了一些有趣的发现。其中最重要的研究是 Han 等发现中心蛋白可以划分成聚会蛋白（party hub）和约会蛋白（date hub）两类[4]。这两类蛋白在转录表达模式上有显著的差异，在不同条件下，聚会蛋白与其相互作用蛋白的转录共表达系数更高，而约会蛋白与其相互作用蛋白的共表达系数则相对较低。提示聚会蛋白能够同时与多个蛋白质发生相互作用，而约会蛋白则在不同的地点和时间与不同的蛋白质发生相互作用。进一步分析表明，聚会型中心蛋白处于功能模块的中心，而约会型中心蛋白处于功能模块之间，充当模块连接者的角色。尽管这些发现受到了 Batada 等的质疑[5-6]，但这种划分方法在总体上已被学术界所认可[7-11]，并且开拓了将蛋白质网络属性与基因表达谱结合研究的道路。

在 Han 等工作的基础上，很多研究人员对网络中单个节点的动态属性进行了深入的分析。在酵母蛋白质相互作用网络中，Yu 等研究了中心蛋白的拓扑属性，发现约会型中心蛋白表现出较高的介度和内部模块性，而聚会型中心蛋白则表现出较高的聚集系数和模块间连接性[8]。类似于聚会蛋白和约会蛋白的划分方法，Taylor 等提出将中心蛋白分为模块内中心蛋白和模块间中心蛋白[9]。这些研究可以认为是 Han 等研究工作的进一步验证和延伸。还有一些研究人员对中心蛋白作了进一步细分。例如，Komurov 等考察了酵母中各基因在 272 个实验条件下的表达情况，计算了基因的表达变化方差（Expression Variance，EV）[10]。EV 越接近于 0，说明该基因的动态性越弱；而 EV 越接近于 1，说明该基因的动态性越强。在由 2315 个基因组成的 5456 对相互作用的网络中，比较了各蛋白质与其邻居节点的 EV 值，发现相互作用的蛋白质之间 EV 值具有很高的相关性，说明能够发生相互作用的蛋白质具有类似的动态特性。进一步，Komurov 等将中心蛋白分为三类，提出了"family"型中心蛋白，此类蛋白与其邻居节点协同表达组成静态模块，而"party"型中心蛋白则与其邻居节点组成动态模块，静态模块和动态模块各自对应了特定的功能。最近，Patil 等结合相互作用蛋白质的基因共表达系数和共表达稳定性，对分子网络的中心蛋白进行了重新分类[11]。共表达稳定性能够度量一对蛋白质在本质上是共表达的程度。根据这两个指标，Patil 等发现了两类中心蛋白：第一类中心蛋白与其邻居节点间共表达系数和共表达稳定性都较高，往往位于模块之间；第二类中心蛋白与其邻居节点间的共表达系数较低但稳定性较高，往往处于模块内部。第二类蛋白类似于约会型中心蛋白，多参与瞬时相互作用。

作为动态分子网络研究的初步尝试，这些研究工作以中心蛋白作为突破口，结合基因表达等动态信息将动态节点与静态节点进行区分，有助于了解蛋白质的功能和分子网络的组织结构。尽管这些研究工作仅对单个节点的动态属性进行分析，提出的节点动态性划分方法也多种多样，但是作为网络中起重要作用的中心蛋白，这些具有不同动态特性的蛋白质从时间和空间等不同角度影响着整个生命体的活动，反映了分子网络动态性的特点。受这些研究工作的启发，人们开始将大规模分子网络与动态的表达数据相结合，提取网络中动态性较强的部分并对其属性进行分析。

1.3　条件特异子网的构建与分析

静态分子网络提供了对于细胞内系统行为的定性描述，而分子表达数据可以提供分子在不同条件/时间/样本状态下的定量信息，因此，将这两种数据源结合起来可用于阐释细胞内系统的动态组织形式。其基本思路是以静态的相互作用网络为骨架，结合动态的分子表达数据发现在不同条件下具有明显改变的那部分特异子网，从而研究系统的动态响应情况。按照实验条件的不同，条件特异的子网可分为时间特异（如进化上保守的模块）、空间特异（如依赖于亚细胞定位的蛋白质复合物、组织特异表达的基因）和研究内容相关（如疾病的生物标志物集合）几个大的类别。下面对这几类条件特异子网的构建与分析方法进行介绍。

1.3.1　动态蛋白质复合物的发现

将蛋白质相互作用网络划分为网络模块，对于从网络角度理解细胞分子机制和结构组成具有重要意义。目前，人们已经提出了多种用于发现蛋白质复合物和功能模块划分的方法，如 G－N[12]、MCODE[13]、RNSC[14]、LCMA[15]、DPClus[16]、APcluster[17]、MoNet[18]、IPCA[19]、COACH[20] 和 SPICi[21] 等。但传统的划分方法将蛋白质相互作用网络作为一个静态图，忽略了网络中的动态信息。实际上，大部分的蛋白质复合物是动态单元。一些亚基在特定的时间和亚细胞器中组装成复合物，当发挥完特定的功能，该复合物就随之解体。由于现有的高通量相互作用数据集中缺乏复合物的瞬态信息，因此很难通过计算方法研究和预测该复合物的动态行为。例如，部分蛋白质在某一时刻参与组成了复合物 A，下一时刻又参与组成了复合物 B，现有的基于蛋白质相互作用网络的复合物检测技术无法区分这两个复合物，只能将它们融合成一个大的复合物 AB。这严重影响了蛋白质复合物预测的精度，也妨碍了人们对细胞组织结构的正确理解[22]。

随着蛋白质相互作用和转录组数据的累积，整合基因表达谱和蛋白质相互作用网络为动态的蛋白质复合物发现提供了新的途径[23-30]。Jansen 等首先将蛋白质相互作用与 mRNA 表达水平相结合，计算复合物的表达活性水平[23]。Tornow 等利用超图方法评估了各基因的表达相关性，构建了共表达基因网络用于发现功能模块[24]。Hegde 等结合功能连接网络和基因表达数据，分析了生物系统的动态结构[25]。Luo 等通过整合转录调控数据、基因表达数据和蛋白质相互作用网络，在系统生物学水平上对特定类型的蛋白质复合物进行了研究[26]。最近，Li 等提出了一种名为 TSN-PCD 的算法，通过聚类算法从时间序列子网中识别蛋白质复合物[29]。他们将这种方法与已有的蛋白质复合物发现方法进行比较，发现相比基于静态相互作用网络的方法，将基因表达数据与蛋白质相互作用数据相结合的方法能够更加有效地发现蛋白质复合物，复合物内部的各蛋白质在功能上更加接近。2013 年，Wang 等根据表达曲线的特征计算基因的动态阈值，研究细胞循环中多种蛋白质的动态，并分别基于静态网络和动态网络寻找蛋白质复合物[30]。他们的研究结果证明，在敏感度、特异性和准确率上，基于动态网络的方法都要优于基于静态网络的方法。此外，他们发现在细胞循环过程中，仅有 23%～45% 的蛋白质在同一个时间点处于激活状态，说明了蛋白质复合物具有高度的动态表达性。这些预测方法为动态复合物发现提供了重要的手段，在总体性能上优于基于静态网络的方法，将它们与实验方法相结合有助于更加准确地发现动态复合物，有望成为动态复合物识别的主流方法。

1.3.2　组织特异子网的构建与分析

静态的蛋白质相互作用网络描述了在蛋白质之间可能发生的物理联系，然而在特定的细胞或组织中，仅有一部分蛋白质被表达。理论上，只有两个基因在一个细胞或组织中同时表达，在某些条件下它们的产物才有可能发生相互作用。根据基因在各组织中的表达情况，可以定义组织特异蛋白和广泛表达的蛋白（看家蛋白质）。实际上，因为相互作用需要同一组织中两个蛋白质都处于表达状态，所以相互作用的组织特异性要比单个蛋白质的特异性更强。基于组织特异蛋白和组织特异相互作用，可以构建组织特异的生物分子网络。

目前，已有一些研究人员将通路信息与基因表达数据相结合，构建了组织特异的生物代谢网络[31-32]和蛋白质相互作用网络[33-35]，并比较了组织特异蛋白与其他蛋白在网络拓扑属性上的差别。Dezso 等测量了31 个人体组织中的基因表达情况，识别出 2374 个看家基因和大量的组织特异基因[33]。经过功能分析发现，看家基因在一些至关重要的生命过程中显著富集，如氧化磷酸化、依赖性泛素蛋白质水解、翻译和能量代谢。他们发现，相比网络中所有节点的拓扑属性分布，看家基因具有更高的连接度和更短的蛋白质间通路距离。而组织特异的蛋白质则与该组织要实现的功能一致，同一组织中的特异蛋白通常具有类似的基因表达模式，相比看家基因更可能成为药物作用靶点。Bossi 等将一个大规模的蛋白质相互作用网络（包括 10229 个蛋白质和 80922 对相互作用）与 79 个人类细胞/组织的基因表达谱数据相结合，考察了蛋白质的组织特异性与其相互作用数目之间的关系[34]。结果发现，相比那些广泛表达的蛋白质，组织特异性越强的蛋白质其相互作用的数目更少，更可能是进化上比较年轻的蛋白质。同时，他们发现那些广泛表达的蛋白质与组织特异蛋白质之间也存在较多的相互作用。Zhu 等得到了与前人基本一致的结论，他们发现超过一半的中心蛋白属于广泛表达的单元，因此，相比组织特异性蛋白质，具有广泛表达的蛋白质其连接度更高[35]。对这些研究进行总结，可以发现看家基因与组织特异基因在连接模式和执行的功能上都具有显著差异。通常，看家基因的连接度更高，连接模式更加丰富，它们不仅与看家基因发生相互作用，也与组织特异基因之间存在广泛的连接，用于完成各种组织所需要的重要的生物功能；组织特异基因的连接度则相对较低，功能上与其对应的组织趋于一致。

将组织特异性网络与通用的静态网络进行比较研究，不仅有助于了解复杂网络的动态组织形式和运行机制，而且对于考察大规模相互作用网络的可靠性具有重要作用[36-37]。Lopes 等将来自多个数据库的蛋白质相互作用网络与 84 个组织/细胞类型的基因表达数据相结合，构建了组织/细胞特异的相互作用子网[36]。结果发现，组织特异子网的规模仅占原静态网络的1%~25%（在不同的相互作用数据库中，所占比例不尽相同），而且这些子网中的连接关系相比原网络更加松散。经研究发现，组织特异子网与该组织或细胞要实现的功能密切相关，并且其相互作用的可靠程度更高。这提示人们，由于没有考虑蛋白质的组织特异表达，现有的相互作用数据库中可能存在大量的假阳性，也就是说，这些相互作用能够在体外发生，但在实际生物系统中，它们因不参与同一组织的细胞活动而没有发生相互作用。Schaefer等进一步证实了这一观点，他们推荐在相互作用数据库中包含更多的细胞类型、功能和疾病状态信息，以便筛选高可信的蛋白质相互作用[37]。

实际上，用于检测组织特异蛋白的方法不限于基因芯片数据。部分研究发现，高通量测序技术相比基因芯片方法的敏感度更高，在不同组织中发现的特异蛋白质的数目更多[38-40]。但由于技术的成熟度和实验成本等问题，高通量测序技术在动态网络构建上的应用暂不如基因芯片数据广泛。

1.3.3　内容相关子网的识别

从基因表达谱中识别研究内容相关的特异子网具有重要的研究意义和实用价值，可帮助筛选疾病相关的生物标志物以及发现在不同表型之间通路的变化。为了对两组或多组基因芯片数据进行比较，人们已经提出了多种统计方法，如单基因差异分析[41]、基因集差异分析[42-43]以及基于聚类方法的基因共表达分析[44]。这些方法的目标是找到一组具有条件特异性的基因集合，但它们仅考虑了网络节点（基因或蛋白质）在不同条件下的表达水平变化，而没有考虑节点间连接关系的改变。

为了更加精确地构建与样本/实验条件密切相关的动态分子网络，研究人员发展了基于图搜索的特异子网识别方法[45-50]。这类方法的主要任务有两个：一是定义打分函数，用于度量不同条件下网络结构的改变程度；二是设计搜索算法，提取打分最高的条件特异子网。Iderker等的工作具有一定的开创性意义，他们将节点变化的 Z 值作为打分函数，采用模拟退火法搜索最优子网[45]。Guo 等对打分函数的设计进行了改进，不再仅针对单个基因的改变，而是利用基因之间相关关系来定义打分函数[46]。但由于最优连接子网的搜索是一个 NP 难问题，现有算法还只能通过启发式或近似方法来寻找条件特异的子网。除了模拟退火之外，很多研究工作采取了局部贪婪搜索算法、数学规划或者图论基础上的搜索算法[47-49]，如 Qiu 等使用了混合整数线性规划模型（Mixed Integer Linear Programming model，MILP）[47]，Dittrich 等将搜索问题转换成了一个有奖作品征集斯坦纳树问题（Prize-Collecting Steiner Tree problem，PCST）来求解[49]。

但是很少有方法同时考虑单个基因的差异表达和基因对之间的变化相关性。实际上，在疾病情况下不仅单个基因的表达水平会发生变化，在基因对之间的相关性也会发生改变，甚至是更高阶的拓扑属性改变。因此，Wang 等在打分函数中综合考虑了节点和边的改变，利用迭代算法进行局部最优化[50]（图 1-7）。Ma 等建立了一种全局优化算法 COSINE，同时考虑网络中节点和边随条件的变化，利用遗传算法提取条件特异的子网[51]。该方法被成功地用于两个仿真数据集和三个真实的芯片数据集，发现了一些具有生物学意义的合适规模的特异子网。经比较发现，相对于传统的单个基因表达差异分析（differential expression）和差异共表达性分析（differential correlation），COSINE 能够发现更多与病理状态相关的基因和通路。由于问题的复杂性，条件特异子网的构建方法还不够成熟，如何综合考虑节点和边的动态变化，如何排除实验噪声的干扰，如何选择合适的分子表达数据集，都是有待解决的问题。

除此之外，RNA 干扰（RNAi）技术也是一种用于获得生物中扰动数据的有效手段。选择通路中一个感兴趣的基因作为报告基因，利用 RNA 干扰技术系统地敲除其他基因，测量对该报告基因的影响。对于那些对报告基因有影响的基因进行分析，并结合静态相互作用网络，可用于构建条件特异子网。

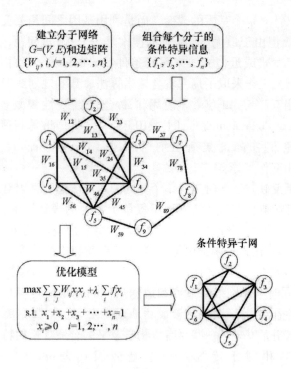

说明：利用带权重的节点和边连接图表示分子间相互作用，节点的权重代表其与条件之间的关联程度，边的权重为相互作用的强度。然后，设计优化算法提取那些既紧密连接又具有条件特异性的子网。

图 1-7   条件特异子网搜索算法[50]

通过将静态相互作用与基因表达或代谢流量相结合，可以增进对于大规模网络动态的理解。然而，转录表达水平的变化无法完全地反映出蛋白质水平的变化，这是因为转录表达和蛋白质表达并非完全相关，而且对于某些瞬态的蛋白质相互作用，在转录水平上还很难检测到。同时，这些方法以静态相互作用网络为基础，无法识别那些条件特异的新的相互作用、复合物或者通路，难以区分在不同条件下是网络状态发生了改变，还是网络结构发生了改变。因此，这些方法还只能间接地描述一些网络的动态变化情况，如果要更加精细地刻画相互作用网络的动态，则有赖于新的实验技术和分析手段的发展。

1.4　网络动态的分析与模拟

动态相互作用是指那些随着时间、地点或条件改变而发生变化的相互作用。在网络中，动态性最强的相互作用不是在静态网络中相互作用强度最大的那些，而是最容易改变的那一部分。相反地，在两种条件下都存在的相互作用将会被淡化，甚至从动态网络中被删除。因此，动态的相互作用反映了在研究条件下哪一部分细胞进程对于细胞响应更为重要，对于理解细胞功能具有重要意义。例如，网络动态可以描述细胞对环境刺激的响应过程以及分子网络随着发育或者分化的改变过程。又如，模拟疾病状态下的网络动态有助于揭示疾病发生机理，发现特异的生物标志物和药物作用靶标。

人们对于生物系统的动态研究已经有很多年的历史。但是，传统的实验方法往往关注于特定条件下的少数几个基因、蛋白质或者相互作用。而大部分的用于检测蛋白质相互作用的高通量方法，如酵母双杂交、串联亲和纯化结合质谱技术（tandem affinity purification-mass spectrometry，TAP-MS）还只能识别静态相互作用，不能提供有关相互作用的动态信息。随着实验技术的发展，研究人员开始测定不同条件、不同物种或不同时间对应的相互作用网络，从蛋白质水平测定蛋白质的表达量和相互作用的强度，以便更加直接和准确地描述分子网络的动态。

1.4.1　物理相互作用网络的动态研究

目前，研究人员已发展了多种实验技术用于发现蛋白质之间动态的物理相互作用，如荧光共振能量转移[52-53]、蛋白荧光标记与质谱鉴定技术[54]、蛋白片段互补法[55]等。但由于技术不够成熟、通量有限，对不同条件下大规模动态相互作用网络的研究还较少。

2005 年，Borrios 等利用一种自动化的高通量技术 LUMIER（LUminescence-based Mammalian IntERactome mapping），系统地构建了

哺乳动物细胞中与转化生长因子 β（TGF β）通路相关的动态相互作用网络[56]。这种方法不能直接给出不同条件下相互作用强度的变化，但是通过定量的测量诱饵（它们与猎物之间能够发生相互作用）的浓度变化，可以估计相互作用的动态变化情况。2011 年，Bission 等提出了一种新的定量检测相互作用网络动态的质谱方法，称为亲和纯化选择反应检测（Affinity Purification-Selected Reaction Monitoring，AP-SRM）[57]。他们利用这种技术测量了在生长因子刺激下以 Grb2 为核心的相互作用网络在六个时间点的动态变化过程。Grb2 是一种参与多个蛋白质复合物的转换蛋白，以其作为研究对象具有一定的代表性。这种技术通过测量蛋白质复合物中每个肽段的整合峰强度，计算在单个时间点或条件下相互作用的平均强度，从而绘制出不同时刻对应的动态相互作用网络。结果表明，Grb2 复合物的组成与用于刺激的生长因子有显著的关联，也就是说，在不同的刺激作用下，Grb2 复合物的组成情况发生了明显的改变。进一步，通过聚焦除 Grb2 之外的其他中心蛋白，可以描绘出在生长因子刺激下细胞的整个响应过程。作为动态分子网络的探索性研究，这些方法为未来大规模的构建和分析动态相互作用网络提供了指导思路，即不仅关心在某一条件下相互作用是否发生，而且要测定相互作用发生的强弱，以便定量地描述分子网络的动态变化过程。

除蛋白质相互作用研究之外，也有一些研究人员构建了不同条件下的蛋白质 – DNA 相互作用谱。利用染色质免疫共沉淀 – 芯片技术（Chromatin Immunoprecipitation-chip，ChIP-chip），Workman 等研究了在DNA 损伤时酵母中的动态转录调控网络，发现了 30 种不同的转录因子与基因的相互作用[58]。跨物种的转录因子研究则揭示，蛋白质 – DNA相互作用随着进化时间发生了快速的演化[59]。

1.4.2　遗传相互作用网络的动态研究

蛋白质通过相互作用来执行功能，但是在某些信号通路或生物进程中，关联的蛋白并不一定在物理上发生相互作用，这时可通过了解遗传水平的功能相互作用，阐释基因的功能以及由基因型到表型的翻译过程。利用遗传相互作用作图方法，研究人员已经成功地建立了一些跨物种模型，如比较多个萌芽和裂殖酵母在网络结构上区别[60]。同时，将遗传相互作用网络与蛋白质相互作用数据相结合，能够帮助认识真核生物中相互作用结构的保守性[61-63]。

　　部分研究表明，遗传相互作用相比蛋白质复合物的动态性更强[60-63]。也就是说，在条件变化的情况下，某些蛋白质复合物的组成没有改变，但是各基因之间的功能关联却发生了明显的变化。如 Roguev 等研究发现，蛋白质复合物在不同的酵母中是高度保守的，但是不同蛋白质复合物之间的遗传相互作用发生了显著改变[60]。此外，随着实验方法的进步，人们发展了一种能够定量地测量遗传相互作用的实验技术，即上位性微阵列剖面技术（Epistasis MiniArray Profile，E-MAP），以测定相互作用的正负（正相互作用表示增强，负相互作用表示减弱）和相互作用强度信息。目前，该技术已发展成动态的上位性微阵列剖面技术（differential Epistasis MiniArray Profile，dE-MAP），用于检测不同条件下基因相互作用的强度变化（图 1-8）。利用 dE-MAP，Bandyopadhyay 等检测了在 DNA 发生损伤时，细胞内遗传相互作用网络的改变[61]。他们针对酵母中 418 个信号基因和调控基因，共进行了 8 万多次双基因敲除实验。结果发现，在 DNA 损伤对应的相互作用网络中，有 53% 的相互作用在静态（即标准实验状态，没有损伤的情况）是无法检测到的，说明遗传相互作用网络为了响应外界刺激发生了巨大的改变。该研究也同样验证了蛋白质复合物的相对稳定性和遗传相互作用的重组特性。对于物理相互作用网络（蛋白质-蛋白质相互作用、蛋白质复合物、蛋白质-DNA 相互作用），动态的相互作用意味着作用机制的改变；而对于遗传相互作用网络，动态的相互作用反映了突变对于功能关联的影响，而非物理机制的改变。这就提示人们，为了响应外界刺激，生物系统一方面在分子之间的相互作用模式上作出改变，但更多的是在功能关系上进行了调整，以尽可能小的代价来实现特定的生物学功能。

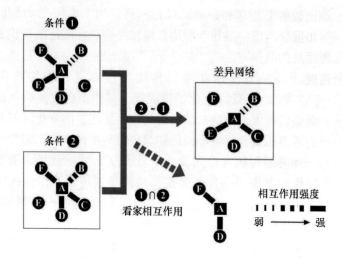

说明：在两种实验条件下，采用 E-MAP 技术分别测量各遗传相互作用的连接关系和强度，构建条件特异的相互作用网络。然后，将两个条件子网进行比较，两个网络中共有的部分是看家相互作用，而网络中不同的部分则代表了网络在外界刺激下发生的改变。

图 1 – 8　遗传相互作用的差异性分析示意图[61]

类似于看家基因（在不同条件下具有稳定的表达），在不同条件下都能发生的相互作用被称为看家相互作用。实际上，看家基因不一定会导致看家相互作用的发生，因为看家基因的相互作用模式相对比较丰富，它们既与其他看家基因存在关联而导致看家相互作用的发生，也与动态基因结合而导致动态相互作用的发生。在静态相互作用网络的研究中，人们关注于那些相对稳定的看家相互作用。而在动态相互作用网络的研究中，人们更关注那些随条件变化而发生改变的相互作用，以便了解细胞对外界刺激的动态响应过程。

1.4.3　网络动态的建模与仿真

计算方法提供了一种用于推断和分析分子网络动态的有效手段。其主要目的是建立生物过程的数学模型，用于描述和预测生物系统在响应外界环境变化和内在遗传结构变化时的动态行为，获得对于生物系统更加全面的认识。相比实验测量技术，计算方法对于动态网络分析具有一定优势。例如蛋白质在一定条件下发生结构变化时，通过测量技术只能获得变化前后两个稳态的数据，而建立相应的模型可以了解到变化中间状态的全过程。

为了从计算角度描述相互作用网络的动态，人们已开展了大量的研究工作，主要包括：发现网络中的动态通路信息、利用动态数据推断网络结构、识别网络拓扑和功能的大尺度变化以及理解网络对特定扰动（如 knock-outs 和 knock-downs）的响应。同时，人们也提出了多种用于模拟分子和网络动态的数学模型，如布尔模型、逻辑模型、贝叶斯模型、Petri 网、随机模型和微分方程模型等[64]。每种模型都有一定的适用范围：对于单个基因，可以在分子细节上利用随机模拟的方法进行建模；对于小规模的基因开关回路，利用微分方程模型表示基因的动态则更加合适；对于中等规模的基因网络，通过开/关转换行为近似基因动力学可用于模拟整个生物系统的动力学行为；对于包含上千个基因的大规模网络，还难以进行预测性模拟。但利用简化动力学模型，例如网络结构的流量分析，可以帮助理解大规模网络的功能组成[65]。由于精确的动态模型需要已知描述系统的实验参数，因此还仅适用于小规模的分子网络，无法用于基因组尺度的动态网络建模。对于大规模网络的动态分析，必须借助一些不需要反应参数的不太精确的模型，例如用于代谢网络分析的流量平衡模型，常用于信号网络的布尔逻辑模型等。其中针对代谢网络的动态模拟发展得较为成熟，如代谢平衡分析基于化学计量模型，通过有约束的目标函数求解代谢流量分布，能够系统地预测和估算出遗传以及环境影响给细胞带来的扰动[66]。此外，面对细胞内复杂的基因、蛋白质和代谢物网络，普通微分方程模型常因为网络的复杂性和缺乏实验动力学参数而无法适用，也可考虑基于人工智能的建模技术，如细胞自动建模（cellular automata）[67]和智能建模（agent-based modelling）[68]。

大部分的分子网络建模方法都是针对单一网络类型，然而，在细胞内部各种网络是相互关联的，任何一种网络的动态都会对其他网络的行为造成影响[69]。最近，一些研究人员开始尝试将不同类型的网络整合起来进行建模和仿真[70-74]。例如，为了获得代谢网络和调控网络的整合模型，Covert 等利用流量分析模型来建模代谢网络并利用布尔网络来建模基因调控网络[70-71]。Shlomi 等利用整数规划方法（一种能够解决同时包含离散和连续参数问题的通用优化算法）来建立代谢网络和调控网络的混合模型[72]。Wang 等利用动态的基因表达数据建立了转录调控和蛋白质相互作用的混合动态模型（图1-9），其中目标基因的表达被

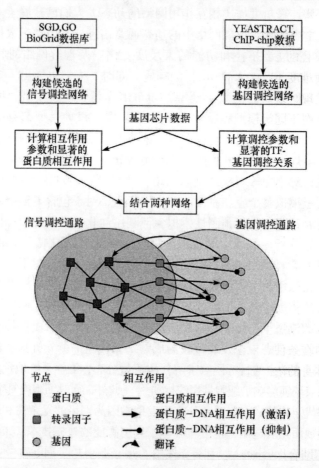

说明：首先，提取候选的基因调控网络和信号调控网络，然后结合时序的基因表达谱数据对两类网络进行推断，最后得到与条件相关的整合网络。转录因子作为媒介连接两种类型的网络。

图1-9　整合的基因调控与信号转导模型[73]

认为是转录因子、该基因前一时刻的表达值和 mRNA 降解速率的函数，而两个蛋白质发生相互作用的速率与它们分子浓度的乘积成正比[73]。Buescher 等结合转录物、蛋白质、代谢物丰度和启动子动态信息，构建了枯草芽孢杆菌（bacillus subtilis）中的整体代谢与调控网络，研究细胞在应对环境变化时的响应机制[74]。这些方法为混合系统建模提供了一些解决方案，但是将三种网络（代谢网络、转录调控、信号转导网络）进行整合的方法还相对缺乏，而且对于基因组尺度的动态模型构建也存在较大难度。

可以发现，现有的建模方法大部分是针对网络中分子的动态进行模拟，即描述在不同时间/地点/条件下分子浓度的变化情况，很少有研究能够模拟相互作用强度的变化过程。分析其原因，一方面已测定的相互作用强度信息较少，另外相互作用强度的变化过程及其发生机制尚不清楚。可以猜想，其不仅与单个分子的浓度有关，而且与分子间的构象变化具有很大关联。作为动态网络分析的一个重要方面，对于分子间相互作用过程的精确模拟有可能成为动态网络研究中新的热点。

1.5　生物网络构建与分析的未来预期

通过回顾动态生物网络研究的现状和最新进展，可以发现，随着外界环境和内在条件的变化，生物网络展现出了很强的动态性，一方面体现在分子本身的浓度和位置变化，另一方面体现在分子间相互作用关系的改变，这不仅包括物理的蛋白质–蛋白质相互作用、蛋白质–DNA相互作用，也包括遗传上的蛋白质相互作用。为了描述分子网络的动态特性，研究人员进行了大量的努力，通过将蛋白质相互作用网络与分子表达数据相结合以及对动态的相互作用的测量，构建了部分的动态分子网络并对其进行了分析，取得了一定的研究成果。与静态网络相比，条件特异子网包含的相互作用数目更少、可靠性更高、对应的功能与实验条件更加密切相关。这些发现对于更加准确地识别蛋白质复合物、了解系统内部组织形式以及刺激响应过程都具有重要意义。

尽管如此，动态网络的分析方法还不是很多，这是由于相比静态网络，研究动态的生物网络难度要大得多。首先，有些动态变化是缓慢发生的，如细胞的生长和分化以及进化上的改变，而有些则是瞬态现象，现有的观测手段还只能从分子表达或蛋白质水平选择特定的时间间隔进行定量测量，难以完全地表征分子的动态变化过程；其次，由分子表达数据来构建动态生物网络涉及复杂的算法设计，一方面要考虑分子本身的变化，另一方面要考虑分子间作用关系的改变，而分子表达数据作为一种间接的动态信息，想从中完全地还原出网络的结构和动态就成为了一项几乎不可能完成的任务；最后，由于在细胞内部，基因调控、信号转导和代谢途径没有明显的区分，目前还难以建立统一的计算模型进行模拟分析，而且对于分子相互作用的机制也没有完全揭示。因此，现有的研究工作还主要集中于动态子网的搜索和建立，只有构建出准确可靠的动态网络，在此基础上进行的分析和模拟工作才能更有意义。

可以预见，随着实验手段的进步和研究的深入，在条件特异性子网搜索算法、大规模动态相互作用的测量以及相互作用过程模拟等方面将可能取得重大突破。与静态网络相比，研究动态的生物网络将会带来全新的视野。生物网络动态的分析与模拟对于了解生物体内的刺激响应过程，生命体随着时间、地点和状态改变的分子作用机制，甚至是生命的整个演化过程都将发挥重要的作用。作为未来生物网络研究的发展方向，网络的动态研究势在必行。

参 考 文 献

［1］ Ideker T, Krogan N J. Differential network biology. Molecular Systems Biology, 2012, 8: 565.

［2］ Przytycka T M, Singh M, Slonim D K. Toward the dynamic interactome: it's about time. Brief Bioinformatics, 2010, 11(1): 15 −29.

［3］ Koyutürk M. Algorithmic and analytical methods in network biology. Wiley Interdiscip. Rev. Syst. Biol. Med., 2010, 2(3): 277 −292.

［4］ Han J D, Bertin N, Hao T, et al. Evidence for dynamically organized modularity in the yeast protein interaction network. Nature, 2004, 430 (6995): 88 - 93.

[5] Batada N, Hurst L D, Tyers M. Evolutionary and physiological importance of hub proteins. PLoS Computational Biology, 2006, 2 (7): e88.

[6] Batada N, Reguly T, Breitkreutz A, et al. Still stratus not altocumulus: further evidence against the date/party hub distinction. PLoS Computational Biology, 2007, 5(6): e154.

[7] Pereira-Leal J B, Levy E D, Teichmann S A. The origins and evolution of functional modules: lessons from protein complexes. Phil. Trans. R. Soc. B, 2006, 361: 507 - 517.

[8] Yu H, Kim P M, Sprecher E, et al. The importance of bottlenecks in protein networks: Correlation with gene essentiality and expression dynamics. PLoS Computational Biology, 2007, 3(4): e59.

[9] Taylor I W, Linding R, Warde-Farley, et al. Dynamic modularity in protein interaction networks predicts breast cancer outcome. Nat. Biotechnol., 2009, 27: 199 - 204.

[10] Komuruv K, White M. Revealing static and dynamic modular architecture of the eukaryotic protein interaction network. Molecular Systems Biology, 2007, 3(1): 110.

[11] Patil A, Nakai K, Kinoshita K. Assessing the utility of gene co-expression stability in combination with correlation in the analysis of protein-protein interaction networks. BMC Genomics, 2011, 12 (3): S19.

[12] Girvan M, Newman M E. Community structure in social and biological networks. Proc. Nat. Acad. Sci., 2002, 99: 7821 - 7826.

[13] Bader G D, Hogue C W. An automated method for finding molecular complexes in large protein interaction networks. BMC Bioinformatics, 2003, 4: 2.

[14] King A D, Przulj N, Jurisica I. Protein complex prediction via cost-based clustering. Bioinformatics, 2004, 20(17): 3013 - 3020.

[15] Li X L, Tan S, Foo C, et al. Interaction graph mining for protein complexes using local clique merging. Genome Informatics, 2005, 16 (2): 260 - 269.

[16] Altaf-Ul-Amin M, Shinbo Y, Mihara K, et al. Development and implementation of an algorithm for detection of protein complexes in large interaction networks. BMC Bioinformatics, 2006, 7: 207 - 219.

[17] Frey B J, Dueck D. Clustering by passing messages between data points. Science, 2007, 315: 972 - 977.

[18] Luo F, Yang Y, Chen C F, et al. Modular organization of protein interaction networks. Bioinformatics, 2007, 23(2): 207 - 214.

[19] Li M, Chen J, Wang J, et al. Modifying the DPClus algorithm for identifying protein complexes based on new topological structures. BMC Bioinformatics, 2008, 9: 398.

[20] Wu M, Li X L, Kwoh C, et al. A core-attachment based method to detect protein complexes in PPI networks. BMC Bioinformatics, 2009, 10: 169.

[21] Peng J, Singh M. SPICi: a fast clustering algorithm for large biological networks. Bioinformatics, 2010, 26(8): 1105 - 1111.

[22] Srihari S, Leong H W. Temporal dynamics of protein complexes in PPI Networks: a case study using yeast cell cycle dynamics. BMC Bioinformatics, 2012, 13(Suppl 17): S16.

[23] Jansen R, Greenbaum D, Gerstein M. Relating whole-genome expression data with protein-protein interactions. Genome Res., 2002, 12: 37 - 46.

[24] Tornow S, Mewes H W. Functional modules by relating protein interaction networks and gene expression. Nucleic Acids Res., 2003, 31: 6283 - 6289.

[25] Hegde S R, Manimaran P, Mande S C. Dynamic changes in protein functional linkage networks revealed by integration with gene expression data. PLoS Comput. Biol., 2008, 4(11): e1000237.

[26] Luo F, Liu J, Li J. Discovering conditional co-regulated protein

complexes by integrating diverse data source. BMC Syst. Biol., 2010, 4(Suppl 2): S4.

[27] Wang J, Li M, Chen J,et al. A fast hierarchical clustering algorithm for functional modules discovery in protein interaction networks. IEEE/ACM Trans. Comput. Biol. Bioinf., 2011, 8(3): 607 −620.

[28] Tang X, Wang J, Liu B, et al. A comparison of the functional modules identified from time course and static PPI network data. BMC Bioinformatics, 2011, 12: 339.

[29] Li M, Wu X, Wang J. Towards the identification of protein complexes and functional modules by integrating PPI network and gene expression data. BMC Bioinformatics, 2012, 13(1): 109.

[30] Wang J, Peng X, Li M,et al. Construction and application of dynamic protein interaction network based on time course gene expression data. Proteomics, 2013, 13(2): 301 −312.

[31] Sauer U. High-throughput phenomics: experimental methods for mapping fluxomes. Curr. Opin. Biotechnol., 2004, 15(1): 58 −63.

[32] Shlomi T, Cabili M N, Herrgard M J,et al. Network-based prediction of human tissue-specific metabolism. Nat. Biotechnol., 2008, 26: 1003 −1010.

[33] Dezso Z, Nikolsky Y, Sviridov E, et al. A comprehensive functional analysis of tissue specificity of human gene expression. BMC Biology, 2008, 6: 49.

[34] Bossi A, Lehner B. Tissue specificity and the human protein interaction network. Mol. Syst. Biol., 2009, 5: 260.

[35] Zhu W, Yang L, Du Z. MicroRNA regulation and tissue-specific protein interaction network. PLoS One, 2011, 6(9): e25394.

[36] Lopes T J, Schaefer M, Shoemaker J, et al. Tissue-specific subnetworks and characteristics of publicly available human protein interaction databases. Bioinformatics, 2011, 27: 2414 −2421.

[37] Schaefer M H, Lopes T J S, Mah N,et al. Adding protein context to the human protein-protein interaction network to reveal meaningful

interactions. PLoS Comput. Biol., 2013, 9(1): e1002860.

[38] Lee J H, Park I H, Gao Y, et al. A robust approach to identifying tissue-specific gene expression regulatory variants using personalized human induced pluripotent stem cells. PLoS Genet., 2009, 5 (11): e1000718.

[39] Emig D, Kacprowski T, Albrecht M. Measuring and analyzing tissue specificity of human genes and protein complexes. EURASIP J. Bioinform. Syst. Biol., 2011, 2011(1): 5.

[40] Emig D, Albrecht M. Tissue-specific proteins and functional implications. J. Proteome. Res., 2011, 10(4): 1893 – 1903.

[41] Huang D W, Sherman B T, Lempicki R A. Systematic and integrative analysis of large gene lists using DAVID bioinformatics resources. Nature Protocols, 2009, 4: 44 – 57.

[42] Subramanian A, Tamayo P, Mootha V K, et al. Gene set enrichment analysis: a knowledge-based approach for interpreting genome-wide expression profiles. Proc. Natl. Acad. Sci. USA, 2005, 102: 15545 – 15550.

[43] Ackermann M, Strimmer K. A general modular framework for gene set enrichment analysis. BMC Bioinformatics, 2009, 10: 47.

[44] Langfelder P, Horvath S. WGCNA: an R package for weighted correlation network analysis. BMC Bioinformatics, 2008, 9: 559.

[45] Ideker T, Ozier O, Schwikowski B, et al. Discovering regulatory and signalling circuits in molecular interaction networks. Bioinformatics, 2002, 18(Suppl. 1): S233 – S240.

[46] Guo Z, Li Y, Gong X, et al. Edge-based scoring and searching method for identifying condition-responsive protein-protein interaction sub-network. Bioinformatics, 2007, 23: 2121 – 2128.

[47] Qiu Y Q, Zhang S H, Zhang X S, et al. Identifying differentially expressed pathways via a mixed integer linear programming model. IET Syst. Biol., 2009, 3: 475 – 486.

[48] Qiu Y Q, Zhang S H, Zhang X S, et al. Detecting disease associated

modules and prioritizing active genes based on high throughput data. BMC Bioinformatics, 2010, 11: 26.

[49] De Lichtenberg U, Jensen L J, Brunak S, et al. Dynamic complex formation during the yeast cell cycle. Science, 2005, 307: 724 -727.

[50] Wang Y, Xia Y. Condition specific subnetwork identification using an optimization model. Proc. Optim. Syst. Biol., 2008, 9: 333 -340.

[51] Ma H S, Schadt E E, Kaplan L M, et al. COSINE: COndition-SpecIfic sub-NEtwork identification using a global optimization method. Bioinformatics, 2011, 27(9): 1290 -1298.

[52] Piston D W, Kremers G J. Fluorescent protein FRET: the good, the bad and the ugly. Trends Biochem. Sci., 2007, 32: 407 -414.

[53] Kentner D, Sourjik V. Dynamic map of protein interactions in the Escherichia coli chemotaxis pathway. Mol. Syst. Biol., 2009, 5: 238.

[54] Cristea I M, Carroll J W, Rout M P, et al. Tracking and elucidating alphavirus-host protein interactions. J. Biol. Chem., 2006, 281: 30269 -30278.

[55] Tarassov K, Messier V, Landry C R, et al. An in vivo map of the yeast protein interactome. Science, 2008, 320: 1465 -1470.

[56] Barrios-Rodiles M, Brown K R, Ozdamar B, et al. High-throughput mapping of a dynamic signaling network in mammalian cells. Science, 2005, 307: 1621 -1625.

[57] Bisson N, James D A, Ivosev G, et al. Selected reaction monitoring mass spectrometry reveals the dynamics of signaling through the GRB2 adaptor. Nat. Biotechnol., 2011, 29: 653 -658.

[58] Workman C T, Mak H C, McCuine S, et al. A systems approach to mapping DNA damage response pathways. Science, 2006, 312: 1054 -1059.

[59] Schmidt D, Wilson M D, Ballester B, et al. Five-vertebrate ChIP-seq reveals the evolutionary dynamics of transcription factor binding. Science, 2010, 328: 1036 -1040.

[60] Roguev A, Bandyopadhyay S, Zofall M, et al. Conservation and rewiring of functional modules revealed by an epistasis map in fission yeast. Science, 2008, 322(5900): 405 –410.

[61] Bandyopadhyay S, Mehta M, Kuo D, et al. Rewiring of genetic networks in response to DNA damage. Science, 2010, 330: 1385 –1389.

[62] Beltrao P, Cagney G, Krogan N J. Quantitative genetic interactions reveal biological modularity. Cell, 2010, 141: 739 –745.

[63] Ryan C J, Roguev A, Patrick K, et al. Hierarchical modularity and the evolution of genetic interactomes across species. Mol. Cell, 2012, 46(5): 691 –704.

[64] Gitter A, Lu Y, Bar-Joseph Z. Computational methods for analyzing dynamic regulatory networks. Methods Mol. Biol., 2010, 674: 419 –441.

[65] Bornholdt S. Systems biology. Less is more in modeling large genetic networks. Science, 2005, 310(5747): 449 –451.

[66] Orth J D, Thiele I, Palsson B O. What is flux balance analysis? Nature Biotechnology, 2010, 28: 245 –248.

[67] Bonchev D, Thomas S, Apte A, et al. Cellular automata modelling of biomolecular networks dynamics. SAR and QSAR in Environmental Research, 2010, 21(1 –2): 77 –102.

[68] Hinkelmann F, Brandon M, Guang B, et al. ADAM: Analysis of Discrete Models of Biological Systems Using Computer Algebra. BMC Bioinformatics, 2011, 12: 295.

[69] Przytycka T M, Kim Y A. Network integration meets network dynamics. BMC Biology, 2010, 8: 48.

[70] Covert M W, Schilling C H, Palsson B O. Regulation of gene expression in flux balance models of metabolism. J. Theor. Biol., 2001, 213: 73 –88.

[71] Covert M W, Palsson B O. Constraints-based models: regulation of gene expression reduces the steady-state solution space. J. Theor. Biol.,

2003, 221: 309 –325.

[72] Shlomi T, Eisenberg Y, Sharan R, et al. A genome-scale computational study of the interplay between transcriptional regulation and metabolism. Mol. Syst. Biol., 2007, 3: 101.

[73] Wang Y C, Chen B S. Integrated cellular network of transcription regulations and protein-protein interactions. BMC Syst. Biol., 2010, 4: 20.

[74] Buescher J M, Liebermeister W, Jules M, et al. Global network reorganization during dynamic adaptations of Bacillus subtilis metabolism. Science, 2012, 335(6072): 1099 –1103.

第2章 生物网络中单个蛋白质重要性的度量

在生物网络中，衡量单个蛋白的重要性有助于发现细胞信号转导过程中关键的蛋白质以及生物系统的薄弱环节，进一步辅助疾病诊断，具有重要的理论意义和应用价值。尽管在蛋白质相互作用网络和代谢网络中存在一些度量蛋白质重要性的指标，但是在信号转导网络中度量蛋白质重要性的方法还非常少[1-3]。

在蛋白质相互作用网络中，连接度和聚集系数是两个常用的描述蛋白质重要性的拓扑指标。节点（蛋白质）的连接度是指所有与该节点可以发生相互作用的节点的数目，而聚集系数定义了每个节点的小集团属性。有文献报道，在蛋白质相互作用网络中具有高连接度和高聚集系数的蛋白质往往更加重要[4]。然而，这两种指标是否适用于衡量信号转导网络中蛋白质的重要性还不能确定。

本章引入了最小路集的概念来衡量信号转导网络中蛋白质的重要性。在信号转导网络中，最小路集定义为能够协作完成信号传输的蛋白质的最小集合。最小路集类似于代谢网络中基元通量模式（elementary flux mode）的概念[5-7]，是内在的、独特的，能够反映信号转导网络的结构属性。利用最小路集的概念，可以深入理解信号转导网络的结构属性，寻找有效地激活或抑制细胞功能的目标。在最小路集的基础上，本章提出了一种新的信号转导网络特征，称为 SigFlux，用于评估单个蛋白质的重要性。

2.1　数据集

2.1.1　小鼠的海马神经元中的信号转导网络

在小鼠的海马神经元（hippocampal CA1 neuron）中，由 608 个节点和 1427 对相互作用组成了一个较大的信号转导网络，以此网络为例进行分析。信号分子之间的作用机制分为三种：激活、抑制以及神经元传递。在输入和输出分子之间的通路中，某些通路对于最终作用分子起激活作用，而某些通路起抑制作用。例如，细胞生长因子[8]通过某些通路对细胞生长分裂起激活作用，同时通过某些通路对细胞凋亡过程起抑制作用。在该研究中，没有区分三种不同的作用方式，均认为它们是有向的蛋白质相互作用。

2.1.2　小鼠基因敲除表型

MGD（Mouse Genome Database）数据库[9]提供了大量有关小鼠基因敲除表型的数据，按照对小鼠损害的严重程度对这些表型进行分类。第一类：敲除基因后无明显影响（No obvious phenotype，NO）；第二类：致病而不致死（Vial phenotype，OV）；第三类：致死（Lethal phenotype，OL）。

去掉脂类、离子、信使以及信号转导网络中没有对应基因敲除表型的蛋白质，共有 383 个蛋白质具有对应的基因敲除表型。其中，34 个基因被敲除时小鼠没有明显的表型，191 个基因被敲除时具有可存活的表型，而 158 个基因具有致死性。

2.1.3 小鼠进化速率

从 Ensembl 数据库[10]下载小鼠和人、牛、黑猩猩、猕猴、狗525 个同源基因的 dN/dS 数据[11]。dN/dS 定义为每个同义位点上，非同义替换数目与同义替换数目的比值。通常，dS 是分子中性进化速率的估计。dN/dS 提供了一个物种中自然选择的程度信息。将小鼠基因与人、牛、黑猩猩、猕猴和狗中的同源基因之间的进化速率求平均，可以得到小鼠基因的近似进化速率。

2.2 用于度量蛋白质重要性的新指标 SigFlux

在代谢网络中，基元通量模式是指能够在稳态下发挥作用的最小的一组酶的集合，在该网络中所有的流量分布可以表征为基元通量模式的线性组合。类似于代谢网络分析中基元通量模式的概念，信号转导网络中最小路集是指能够协作完成信号传输的蛋白质的最小集合。此外，具有特定生物功能的反馈回路在信号转导网络中广泛存在，可以看作是另外一种最小路集。

在代谢网络中，基元通量模式的重要作用之一是评估单个酶或者一组酶的重要性[7]。类似地，最小路集也可以用于评估信号转导网络中蛋白质的重要性。本节采用宽度优先搜索算法[12]生成输入和输出之间的所有通路，采用 MFinder 软件[37]搜索网络中所有的反馈回路，从而得到网络中的最小路集。在此基础上，本节提出了一种度量单个蛋白质重要性的新特征 SigFlux，并根据网络中通路和反馈回路的分布情况计算蛋白质的 SigFlux 值。

2.2.1 SigFlux 定义

在最小路集的基础上，本节提出了一个名为 SigFlux 的网络特征，根据蛋白质之间的连接情况和信号流走向确定单个蛋白质在信号转导网络中的重要性。将细胞外配体作为输入，细胞核内的靶基因作为输出，对于单个蛋白质，SigFlux 代表包含该蛋白质的路集数目占所有路集数目的比例。更加精确地，蛋白质的 SigFlux 定义为：

$$\text{SigFlux} = \frac{m_{pi} + m_{fi}}{\sum_{i=1}^{n} (m_{pi} + m_{fi})} \qquad (2-1)$$

其中，m_{pi} 代表从输入到输出之间包括蛋白质 i 的所有信号通路的数目，m_{fi} 代表包括蛋白质 i 的反馈回路的数目，n 是网络中所有蛋白质的数目。当包含蛋白质 i 的最小路集的数目越多，蛋白质 i 对于信号转导网络越重要。SigFlux 的值在 0 到 1 之间变化。当蛋白质 i 不包含在任何最小路集中，SigFlux 值为 0。当 SigFlux 值为 1 时，该蛋白质是网络中最重要的蛋白质，去除该蛋白质会破坏网络的拓扑结构。

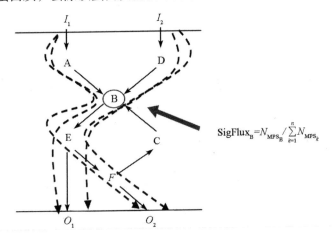

$$\text{SigFlux}_B = N_{\text{MPS}_B} \Big/ \sum_{k=1}^{n} N_{\text{MPS}_k}$$

说明：输入节点为 I_1 和 I_2，输出节点为 O_1 和 O_2，通过蛋白质 B 的通路有 4 条，反馈回路 1 条，B 的 SigFlux 值为 $\text{SigFlux}_B = N_{\text{MPS}_B} \Big/ \sum_{k=1}^{n} N_{\text{MPS}_k} = 1$，其中 n 为节点数目。

图 2-1　SigFlux 定义举例

以图 2-1 中简单的信号转导网络为例，说明 SigFlux 的计算过程。该网络中，通过蛋白质 B 的通路有 4 条，反馈回路 1 条，而该网络中所有路集的数目为5条。经计算，蛋白质 B 的 SigFlux 值为1。说明蛋白质 B 对于该网络的信号传递非常重要，是所有信号传递都要经过的必要蛋白质。

2.2.2　SigFlux 计算

根据信号转导网络中蛋白质节点的功能和亚细胞定位，定义细胞外的配体或细胞基质节点为输入层，DNA/RNA 和不指向其他节点的转录因子为输出层，共得到 33 个输入节点和20 个输出节点。首先，采用宽度优先算法生成输入和输出层之间的所有通路，包括激活和抑制通路。在图论中，宽度优先是一种经典的图搜索算法，可以系统地扩展图中的所有节点找到输入和输出之间的解路径。图 2 - 2 给出了一个简单的例子演示宽度优先算法的工作原理。

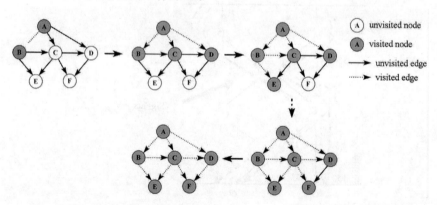

说明：给定网络 G，首先，标注 G 中所有节点和它们的父节点。然后，从根节点开始生成通路。距离根节点较近的节点被优先扩展。当所有的节点被扩展之后，返回从根节点到目标节点的解路径。在该图中，A 为根节点，E、F 为目标节点。结果路径集合为 {A, B, E}，{A, C, E}，{A, B, C, E}，{A, C, F}，{A, D, F}，{A, C, D, F}，{A, B, C, F} 和 {A, B, C, D, F}。

图 2 - 2　宽度优先搜索算法示意图

通常，由于信号转导网络的复杂性和多样性，在输入和输出之间往往存在大量的备选路径。为了提高计算效率，限制路径的最大长度为

20 个节点，优先生成较短的路径。因为典型的生物信号通路的长度为 7 到 14 之间[13]，所以限制路径的最大长度为 20 个节点是可行的。在计算过程中发现，当生成的路径数目增加到一定程度，SigFlux 的值变化趋于稳定。因此，一种有效的计算方法是生成大部分的解路径，计算 SigFlux 的临近值，而不是生成所有的信号通路。进一步，采用 MFinder 程序寻找信号转导网络中的反馈回路。MFinder 是一个网络模块检测软件，网络模块定义为相对随机网络中出现频率更高的交叉模式。结果发现，在输入层和输出层之间共生成了 297397 条信号通路和 4078 条反馈回路。在计算 SigFlux 指标时，没有区分激活和抑制关系，所有可连通的路径均作为最小路集。

在生成输入和输出之间所有的通路和回路之后，根据 SigFlux 的定义，可以计算信号转导网络中每个蛋白质的 SigFlux 值。该网络中，550 个蛋白质的 SigFlux 均值为 0.0166 ± 0.0017（标准差），其中蛋白质 PKC 的 SigFlux 值最大，为 0.3472。SigFlux 的分布直方图如图 2 - 3 所示，大部分蛋白质的 SigFlux 分布在较低的范围内。

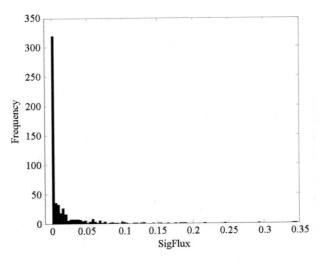

图 2 - 3　SigFlux 分布直方图

2.3 SigFlux 与蛋白质的必要性显著相关

在生物学上，评估基因重要性的一个有效的实验方法是观察基因敲除时个体的表型[14]。当敲除一个必要的基因时个体将无法存活，因此基因的功能重要性可以用它的必要性来衡量[15]。

为了评估 SigFlux 指标的有效性，本节计算了这些蛋白质的 SigFlux 值与其对应基因敲除时表型严重程度的相关性。如图 2-4(a) 所示，蛋白质的 SigFlux 值与基因必要性（表型严重程度）之间具有显著的正相关关系，拥有更高 SigFlux 值的蛋白质其对应的基因往往更加重要，即敲除这些基因时对小鼠的损害更大。同时，连接度指标与基因的必要性也表现出显著的正相关（图 2-4(b)），而聚集系数与基因必要性不存在显著的相关性（图 2-4(c)）。

2.4 SigFlux 可以指示蛋白质的进化速率

研究表明，在进化中重要的基因往往具有更强的保守性，以保证其功能的稳定[16]。因此在理论上，可以猜测：由于最小路集可以作为最小的功能模块，参与更多最小路集的蛋白质会更加保守，即具有高 SigFlux 值的蛋白质在进化上更加保守，具有更低的进化速率。

为了验证这一猜测，本节计算了信号转导网络中蛋白质的 SigFlux 值与基因进化速率之间的相关关系，发现它们之间存在显著的负相关。如图 2-5(a) 所示，蛋白质的 SigFlux 值与基因进化速率之间的皮尔森相关系数为 -0.115（$p = 0.008$）。结果表明，具有更高 SigFlux 值的蛋白质在进化上更加保守，从而进一步证明了 SigFlux 是一种衡量蛋白质重要性的有效指标。如图 2-5(b) 所示，蛋白质的连接度与进化速率之间存在显著的负相关，而聚集系数不具有这种性质。

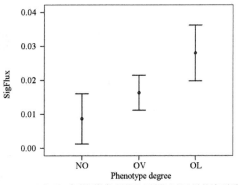

(a) SigFlux与基因敲除表型严重程度表现出显著的正相关

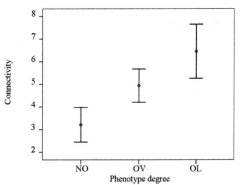

(b) 连接度与基因敲除表型严重程度表现出显著的正相关

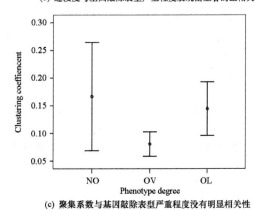

(c) 聚集系数与基因敲除表型严重程度没有明显相关性

图 2 - 4　SigFlux、连接度和聚集系数与基因敲除表型严重程度的关系

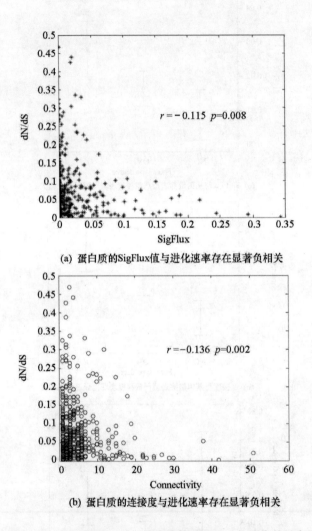

(a) 蛋白质的SigFlux值与进化速率存在显著负相关

(b) 蛋白质的连接度与进化速率存在显著负相关

图 2-5 蛋白质的 SigFlux 值和连接度关于进化速率的散点图

2.5　SigFlux 与连接度的比较

　　在信号转导网络中，将蛋白质的 SigFlux 值分为 10 个大小相等的区间，统计位于每个区间内的蛋白质数目，绘制 SigFlux 分布图（图 2-6）。该网络中所有蛋白质的 SigFlux 值服从幂律分布，即随着 SigFlux 增大，蛋白质的 $P(\text{SigFlux})$ 概率按照 $P(\text{SigFlux}) \sim \text{SigFlux}^{-\gamma}$ 的趋势减小，这里 γ 是连接度指数，$\gamma = 2.72 \pm 0.16$（$p = 1.34 \times 10^{-7}$）。类似于连接度分布，在该信号转导网络中蛋白质的 SigFlux 分布具有小世界属性。

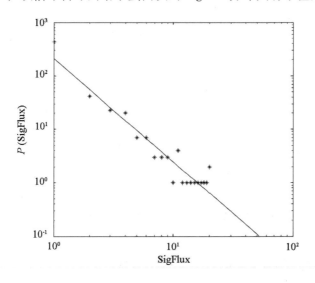

图 2-6　信号转导网络中蛋白质的 SigFlux 服从幂指数分布

2.5.1　SigFlux 和连接度分别表征蛋白质的整体属性和局部属性

　　尽管 SigFlux 和连接度都与小鼠基因的必要性和进化速率显著相关，但是它们描述了信号转导网络的不同拓扑属性（图 2-7）。由理论上分析可知，连接度表示在网络中与该蛋白质具有相互作用的其他蛋白质的数目，仅表征网络的局部属性。而 SigFlux 指标综合考虑了网络中所有蛋白质之间的连接关系和信号流走向，更能表征网络的整体属性。因此，结合蛋白质的 SigFlux 和连接度来分析网络的结构属性显得更为合理和全面。

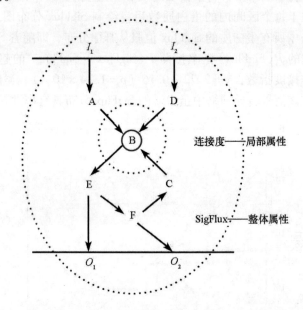

图 2 -7　SigFlux 比连接度更能表征信号转导网络中蛋白质的整体属性

2.5.2　蛋白质的 SigFlux 和连接度分布

为了比较信号转导网络中蛋白质的 SigFlux 和连接度的差异，图 2 -8 给出了 SigFlux 关于连接度的分布图。根据 SigFlux 和连接度之间的数量关系，将蛋白质分成四个不同的区域。高于平均 SigFlux 的蛋白质称为高 -SigFlux 蛋白，反之称为低 -SigFlux 蛋白；高于平均连接度的蛋白质称为高 -连接度蛋白，反之称为低 -连接度蛋白。很明显，低 -SigFlux、低 -连接度的蛋白质比高 -SigFlux、高 -连接度的蛋白质数目要多得多。其原因在于，该网络中存在多个蛋白质与该蛋白质可以发生相互作用，使得经过该蛋白质的通路较多，少数高连接度的蛋白质具有高 SigFlux 值。同时，在该网络中存在部分高 - SigFlux、低 - 连接度的蛋白质，以及低 - SigFlux、高 - 连接度的蛋白质，如图 2 - 8 中 A 和 D 区域所示，是需要重点关注的蛋白质。

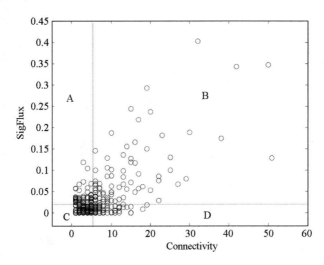

说明：区域 A：高 - SigFlux、低 - 连接度蛋白质；区域 B：高 - SigFlux、高 - 连接度蛋白质；区域 C：低 - SigFlux、低 - 连接度蛋白质；区域 D：低 - SigFlux、高 - 连接度蛋白质。

图 2 - 8　信号转导网络中蛋白质的 SigFlux 与连接度的分布图

按照信号转导网络中蛋白质的功能进行分类，总体的蛋白质功能分布如图 2 - 9(a)所示，高 - SigFlux、低 - 连接度的蛋白质功能分布如图 2 - 9(b)所示。对高 - SigFlux、低 - 连接度的蛋白质进行功能分类，发现这些蛋白质在转录因子和受体中显著富集，超几何分布的 p 值分别为 4.486×10^{-5} 和 5.317×10^{-6}。由生物学知识可知，转录因子和受体位于信号转导网络中内外连接的关键位置，其连接度可能不高，但是通过该节点的信号流会较大。而 SigFlux 比连接度指标更适合于发现这样的一些信号流量较大而连接较少的重要节点。对低 - SigFlux、高 - 连接度的蛋白质分析则发现，这些蛋白质往往参与更多的反馈回路而参与较少的信号通路，表明这些蛋白质在整个网络中只具有局部的影响。比较发现，SigFlux 比连接度指标更适于表征信号转导网络中蛋白质的全局属性，通过对这两种指标的综合分析可以得到关于信号转导网络的全局和局部属性的更深入的理解。

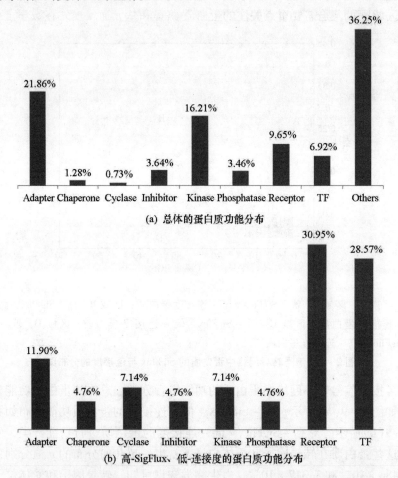

(a) 总体的蛋白质功能分布

(b) 高-SigFlux、低-连接度的蛋白质功能分布

图 2-9　高-SigFlux、低-连接度的蛋白质在转录因子和受体中显著富集

综上所述，尽管在理论上最小路集的概念类似于代谢网络的基元通量模式，但是它们之间存在着明显的区别。在代谢网络中，人们对化学反应（边）感兴趣，因为它们对应着酶。酶服从于调控过程，并且可以通过实验敲除。相反，在信号转导网络中，人们通常关注节点，它们

可以通过实验敲除或者药物抑制。信号转导网络中的边代表一对节点之间的直接相互作用，通常没有中间媒介。在信号转导网络中，最小路集是能够一起发挥功能的蛋白质的集合；而在代谢网络中，基元通量模式是一组酶的集合。由此可见，虽然最小路集和基元通量模式在数学上的定义类似，但是具有完全不同的生物含义。

由于蛋白质的 SigFlux 与基因敲除表型和进化速率之间存在显著的相关性，可以根据该指标预测基因敲除表型及进化速率。信号转导网络中的重要蛋白质是发挥生物学功能的关键节点，与疾病密切相关，可以作为候选的药物靶标。同时，该指标也适用于信号转导网络以外的其他分子相互作用网络，如基因调控网络，对于了解复杂的生物系统的内部属性为人们提供全新的视野和更深入的理解。

参 考 文 献

[1] Papin J A, Hunter T, Palsson B O, Subramaniam S. Reconstruction of cellular signalling networks and analysis of their properties. Nat. Rev. Mol. Cell. Biol., 2005, 6(2): 99 – 111.

[2] Papin J A, Palsson B O. The JAK-STAT signaling network in the human B-cell: an extreme signaling pathway analysis. Biophysical Journal, 2004, 87(1):37 – 46.

[3] Papin J A, Palsson B O. Topological analysis of mass-balanced signaling networks: a framework to obtain network properties including crosstalk. J. Theor. Biol., 2004, 227(2):283 – 297.

[4] Jeong H, Mason S P, Barabasi A L, Oltvai Z N. Lethality and centrality in protein networks. Nature, 2001, 411(6833):41 – 42.

[5] Schuster S, Fell D A, Dandekar T. A general definition of metabolic pathways useful for systematic organization and analysis of complex metabolic networks. Nature Biotechnology, 2000,18(3):326 – 232.

[6] Schuster S, Hilgetag C. On elementary flux modes in biochemical reaction systems at steady state. J. Biol. Syst., 1994, 2:165 – 182.

［7］ Oancea I. Topological analysis of metabolic and regulatory networks. Syst. Biol., 2004, 1:1.

［8］ Schoeberl B, Eichler-Jonsson C, Gilles ED, Muller G. Computational modeling of the dynamics of the MAP kinase cascade activated by surface and internalized EGF receptors. Nature Biotechnology, 2002, 20(4):370 – 375.

［9］ Hill D P, Begley D A, Finger J H, Ringwald M. The mouse Gene Expression Database (GXD): updates and enhancements. Nucleic Acids. Res., 2004, 32(Database issue):D568 – 571.

［10］ Birney E, Andrews D, Caccamo M, et al. Ensembl 2006. Nucleic Acids. Res., 2006, 34(Database Issue):D556 – 561.

［11］ Rocha E P, Smith J M, Hurst L D, et al. Comparisons of dN/dS are time dependent for closely related bacterial genomes. J. Theor. Biol., 2006, 239(2): 226 – 235.

［12］ Gazit H, Miller G L. An improved parallel algorithm that computes the BFS numbering of a directed graph. Information Processing Letters, 1988, 28(2):61 – 65.

［13］ Watts D J, Strogatz S H. Collective dynamics of "small-world" networks. Nature, 1998, 393(6684): 440 – 442.

［14］ Yu H, Greenbaum D, Xin Lu H, Zhu X, Gerstein M. Genomic analysis of essentiality within protein networks. Trends in Genetics, 2004, 20(6):227 – 231.

［15］ Fraser H B, Hirsh A E, Steinmetz L M, Scharfe C, Feldman MW. Evolutionary rate in the protein interaction network. Science, 2002, 296(5568):750 – 752.

［16］ Wuchty S. Evolution and topology in the yeast protein interaction network. Genome Res., 2004, 14(7):1310 – 1314.

第3章 蛋白质相互作用中的
信号流走向预测

在信号网络中，信号流走向是蛋白质相互作用的重要属性。然而，目前高通量技术得到的大部分蛋白质相互作用都被假定为是没有方向的。为了解决这个问题，本章首先基于结构域定义了一个新的参数PIDS，以预测蛋白质相互作用对之间的信号流走向，用于推断信号网络中蛋白质相互作用的信号流走向。其次，本章研究了GO（基因本体论）功能注释以及蛋白质序列与信号流之间的关系，使用自定义函数和支持向量机方法预测成对蛋白质相互作用之间的信号流走向，进一步提高了准确率和覆盖度。再次，本章采用贝叶斯方法整合结构域、蛋白质功能等多种数据源进行信号流走向的预测，利用综合的似然比打分值判断方向，比任意单个预测方法具有最高的可信度和最广的应用范围。

最后，本章将发展的新方法用于整合的人类蛋白质相互作用网络，推断出一个高可信的有向信号网络。该网络由5111个蛋白质和10051对相互作用组成，包含了大量潜在的信号通路。该网络与已知数据库的重合部分具有89.23%的准确率，并且在功能注释、亚细胞定位和网络拓扑方面，呈现出与信号网络高度一致的性质。相比原有通路预测方法，本章提出了多种新的方法用于蛋白质组规模的相互作用中信号流走向预测，提供了蛋白质相互作用网络的整体方向性注释。该研究不仅能够推断出蛋白质相互作用网络中大量的潜在信号通路，而且可以提供对于信号网络的全面理解。

3.1 基于结构域的预测方法

高通量实验技术的发展已经产出了大规模、多物种的蛋白质相互作用数据[1-5]，很多人致力于研究这些数据，以便更好地理解蛋白质功能。蛋白质的基本单位是结构域，而且蛋白质之间通常由结构域介导发生相互作用[6-8]。因此，从结构域水平理解蛋白质相互作用显得尤为重要。

研究人员已经发展了一些方法，用于在蛋白质相互作用的基础上识别结构域的相互作用。Sprinzak 等计算蛋白质相互作用中包含的结构域相互作用出现的频率，挑选那些大于期望值的结构域相互作用[9]。Den 等发展了一种最大似然方法，根据蛋白质相互作用推断潜在的结构域相互作用[10]。Liu 等通过组合多物种的蛋白质相互作用而不仅是酵母相互作用，对最大似然方法进行了发展[11]。Riley 等提出了一种结构域相互作用的新的打分方法，E-score，定义为被观察到的相互作用的 log 似然比值[12]。他们证明，E-score 在预测结构域相互作用上要优于 Deng 等[10]提出的方法。最近，Lee 等采用贝叶斯方法整合来自多物种、多种数据源预测的高可信度的结构域相互作用，提高了结构域相互作用预测的准确率[13]。而数据库 Domain（Database of Protein Domain Interaction）收集了由蛋白质结构数据库推断出来的结构域相互作用，并整理了上述多种生物信息学预测方法得到的结构域相互作用，提供了一个大规模、高可信度的结构域相互作用数据集[14]。然而，以上的大部分研究都集中于在蛋白质相互作用的基础上揭示结构域相互作用，很少关注结构域相互作用的调控关系和功能。同时，结构域相互作用被用于预测潜在的蛋白质相互作用，但还缺乏在结构域水平上对蛋白质相互作用的深入研究。

在蛋白质相互作用网络中，通常假定相互作用是没有方向的。实际上，在信号转导、转录调控、细胞循环或者代谢途径等多种生物网络中，发生相互作用的蛋白质之间广泛存在着调控和上下游关系。然而，仅有少数蛋白质相互作用被深入研究，大部分相互作用的细节还是未知的，包括它们之间的调控关系和功能。本节引入了一种新的方法，根据蛋白质包含的结构域预测蛋白质对之间的信号流走向。首先，定义了一个新的函数 F 用于度量结构域相互作用的方向。以人、小鼠、大鼠、果蝇和酵母中已知方向的蛋白质相互作用为训练集，计算结构域相互作用的 F 函数值。然后，在结构域相互作用方向性的基础上，提出了一种新的参数 PIDS（Protein Interaction Directional Score），用于预测蛋白质相互作用中的信号流的方向，并对该方法的性能进行了评估。最后，在人和小鼠的经典信号转导通路中演示如何使用该方法进行方向标注。

3.1.1　数据集

3.1.1.1　高可信度的结构域相互作用

从数据库 Domain[14] 中下载了 6163 对高可信度的结构域相互作用，包括 4349 对从蛋白质结构数据库 PDB（Protein Data Bank）中推断出来的结构域相互作用，以及 3143 对由生物信息学方法预测得到的相互作用（表 3 - 1）。其中，蛋白质中包含的结构域信息基于 Pfam-A 结构[15]。

表 3 - 1　结构域相互作用数据来源

数据源或者方法	相互作用数目	分类	总计
iPfam	4030	PDB：4349	6163
3did	3034		
ME[13]	2391	HCP：3143	
RCDP[16]	960		
P-value[17]	596		
Interdom[18]	2768		
LP[8]	2588		
DPEA[19]	1812		
RDFF[20]	2475		
DIMA[21]	8012		

3.1.1.2 信号网络中的蛋白质相互作用

从数据库 KEGG 中下载人、小鼠、大鼠、果蝇和酵母的所有信号网络，整理出 2803 对具有特定方向的蛋白质相互作用，包括激活、抑制、磷酸化、去磷酸化和泛素化，作为标准阳性集。同时，认为 649 个蛋白质复合物中的蛋白质相互作用不具有方向，作为标准阴性集。

3.1.2 基于结构域预测蛋白质相互作用中信号流走向的方法

3.1.2.1 结构域相互作用和蛋白质相互作用的方向

在信号网络中，蛋白质相互作用的方向定义为通过它们的信号流的走向。研究的相互作用的类型包括激活、抑制、磷酸化、去磷酸化和泛素化，均被认为具有特定的信号流走向。在人、小鼠、大鼠、果蝇和酵母中，76.4% 的蛋白质具有一个或者多个 Pfam 结构域。典型的蛋白质相互作用通过特定的结构域连接，因此识别结构域相互作用是了解蛋白质相互作用的一个重要步骤。图 3–1 演示了从蛋白质相互作用推断结构域相互作用中信号流走向的基本原理。其中，E_1 和 E_2 是两对能够发生相互作用的结构域，根据蛋白质相互作用的方向以及其中包含的结构域相互作用，可以推断该结构域相互作用的方向。

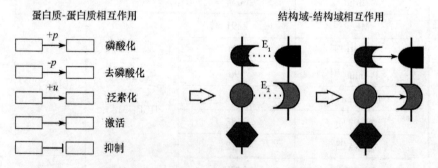

图 3–1　由蛋白质相互作用推断结构域相互作用中信号流走向的示意图

3.1.2.2　用于度量结构域相互作用方向的函数 F

结构域相互作用的富集程度可以用结构域富集比例 DER（Domain Enrichment Ratio）衡量[22]，定义为在某个已知相互作用的蛋白质对中观察到某对结构域相互作用的概率。在 DER 的基础上，本节提出了一种可以度量结构域相互作用方向性的函数 F，即用结构域相互作用的前向富集系数减去后向富集系数：

$$F(d_{mn}) = \frac{\Pr(d_m \rightarrow d_n) - \Pr(d_n \rightarrow d_m)}{\Pr(d_m) \times \Pr(d_n)} \tag{3-1}$$

这里 d_m 和 d_n 表示两个蛋白质结构域，$d_m \rightarrow d_n$ 表示一对蛋白质相互作用，分别包含结构域 d_m 和 d_n。$\Pr(d_m)$ 和 $\Pr(d_n)$ 分别表示结构域 d_m 和 d_n 在相互作用的蛋白质中出现的概率，$\Pr(d_m \rightarrow d_n)$ 表示包含 d_m 和 d_n 的蛋白质相互作用中信号流从包含 d_m 的蛋白质流向包含 d_n 的蛋白质的概率。如果 $F(d_{mn}) > 0$，那么信号从 d_m 流向 d_n；否则，信号从 d_n 流向 d_m。

采用 2803 对具有特定方向的蛋白质相互作用作为训练集，计算其中包含的结构域相互作用的 F 函数值，发现共有 364 对结构域相互作用参与介导蛋白质相互作用。其中，286 对（78.57%）结构域相互作用具有正的或者负的 F 值，表明结构域相互作用的方向性是广泛存在的，可以提示信号网络中蛋白质相互作用的方向。具有最大 F 值的结构域相互作用是 UBACT 和 UQ_con，F 值为 1658.34。

3.1.2.3　用于度量蛋白质相互作用方向的参数 PIDS

给定一对蛋白质 P_i 和 P_j，如果 P_i 与 P_j 能够发生相互作用，并且信号从 P_i 流向 P_j，那么 $P_{ij} > 0$；反之 $P_{ij} < 0$。$d_{mn} \in P_{ij}$ 表示结构域 d_m 和 d_n 分别属于蛋白质 P_i 和 P_j，且 d_m 与 d_n 能够发生相互作用。该相互作用中信号流从蛋白质 P_i 指向 P_j 的方向性打分定义为：

$$\text{PIDS}_{ij} = \sum_{d_{mn} \in P_{ij}} F(d_{mn}) \tag{3-2}$$

如果 $\text{PIDS}_{ij} > 0$ 且 $P_{ij} > 0$，或者 $\text{PIDS}_{ij} < 0$ 且 $P_{ij} < 0$，那么该方法能够正确地预测蛋白质 P_i 和 P_j 相互作用中信号流走向。

图 3-2 给出了基于结构域预测蛋白质相互作用中信号流走向的流程图。首先，建立结构域相互作用和蛋白质相互作用的数据集，计算结构域相互作用的 F 函数值以及蛋白质相互作用的 PIDS 参数值。然后，采用 5 倍交叉验证对该方法的性能进行评估。最后将该方法用于未知方向的蛋白质相互作用数据集，预测潜在的信号通路。同时，根据评估和预测结果对方法进行一定的修正，使之更接近于真实的情况。

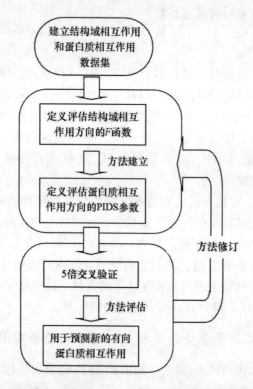

图 3-2　基于结构域预测蛋白质相互作用中信号流走向的流程图

比较有方向的结构域相互作用中 F 值的分布直方图与有方向的蛋白质相互作用中 PIDS 值的分布直方图（图 3-3），可以发现，结构域相互作用的 F 值集中分布于较低的一个范围内，随着 F 值的增大，结构域相互作用的数目较少。蛋白质相互作用的 PIDS 值分布也有类似的特性。

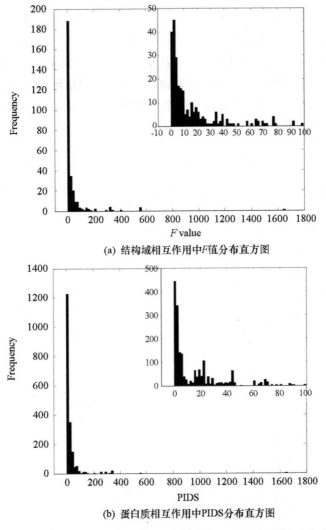

(a) 结构域相互作用中 F 值分布直方图

(b) 蛋白质相互作用中 PIDS 分布直方图

图 3 - 3　结构域相互作用中 F 值以及蛋白质相互作用中 PIDS 分布直方图

3.1.3　方法评估

采用 5 倍交叉验证评估该方法的预测效果。随机选取 4/5 的已知方向的蛋白质相互作用作为训练集，其余 1/5 作为阳性测试集，蛋白质复合体的数据作为阴性测试集，交叉重复 5 次，把 5 次结果取平均作为评估结果。因为某些蛋白质相互作用不包含研究的结构域相互作用，所以无法使用该方法预测这些蛋白质相互作用的方向。准确率是指预测方向正确的蛋白质对所占的比例，而覆盖度是指所有包括研究的结构域相互作用的蛋白质对占所有蛋白质相互作用的比例。错误率指蛋白质复合体中预测为有方向的比例。

3.1.3.1　5 倍交叉验证结果

在人、小鼠、大鼠、果蝇和酵母的混合数据集中，选择不同的 PIDS 阈值，观察该方法在 5 倍交叉验证情况下的准确率、覆盖度和错误率的变化情况（图 3-4）。选择 PIDS 阈值为 2，准确率、覆盖度和错误率分别是 89.79%、48.08% 和 16.91%。当 PIDS 阈值上升到 10，准确率提高到 94.19%，覆盖度为 28.21%，而错误率降低至 1.82%。随着阈值的升高，该方法可以提供更高的准确率和更低的错误率，同时牺牲部分的预测覆盖度。综合准确率、覆盖度和错误率的变化情况，这里推荐 PIDS 阈值为 2。在实际应用中，用户可以根据自己的需要选择不

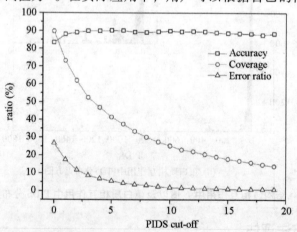

图 3-4　在不同 PIDS 阈值下，基于结构域的方法的准确率、
覆盖度和错误率变化曲线

同的 PIDS 阈值。

3.1.3.2　在不同物种中的性能

进一步，比较基于结构域的方法在不同物种中的性能，如图 3 – 5 所示。将一个物种中已知方向的蛋白质相互作用作为测试集，其他物种中已知方向的蛋白质相互作用作为训练集，比较人、小鼠、大鼠、果蝇

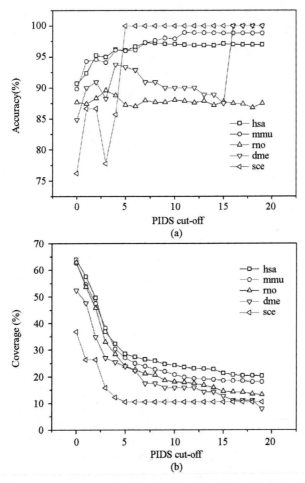

图 3 – 5　在不同 PIDS 阈值下，基于结构域的方法在多物种测试
集中准确率和覆盖度变化曲线

和酵母的数据集中该方法预测的准确率和覆盖度。结果发现，该方法在进化更高级的物种中性能更好。当 PIDS 阈值取为 2 时，在人的测试集中可以得到95.23%的准确率和49.54%的覆盖度。因此，可以认为该方法在人类数据集中的预测结果是非常可信的。

3.1.3.3 在不同信号通路中的性能

将人和小鼠的经典信号通路作为测试集，其他已知方向的蛋白质相互作用作为训练集，比较该方法在不同通路中的性能（表3-2）。在表3-2的15个通路中，平均准确率为84.47%，平均覆盖度为65.18%。其中，在 mTOR 通路中预测效果最好，准确率高达100%；在 Cell cycle 中效果最差，预测准确率仅为60%。

表3-2　基于结构域的方法在不同信号通路中的预测结果

信号通路	小鼠			人		
	相互作用数目	准确率（%）	覆盖度（%）	相互作用数目	准确率（%）	覆盖度（%）
MAPK	128	89.77	68.75	128	89.01	71.09
Insulin	44	70.83	54.55	42	64.00	59.52
ErbB	44	83.33	68.18	46	86.84	82.61
Apoptosis	35	90.48	60.00	36	95.00	55.56
Wnt	30	83.33	40.00	29	83.33	35.00
Fc epsilon RI	29	79.17	82.76	30	87.50	80.00
TGF-beta	27	92.86	51.85	26	91.67	46.15
T cell receptor	25	80.95	84.00	25	88.89	72.00
GnRH	23	94.12	73.91	23	88.24	73.91
Cell cycle	22	60.00	45.45	25	75.00	48.00
VEGF	22	83.33	81.82	22	87.50	72.73
mTOR	19	100	31.58	17	100	35.29
Toll-like receptor	17	90.91	64.71	15	87.50	53.33
B cell receptor	15	92.31	86.67	15	92.86	93.33
Jak - STAT	14	61.54	92.86	14	72.73	78.57

进一步，将预测结果对应到人的 MAPK 信号通路图中[23]（见彩插图 3 - 6），其中红色部分为正确的预测，绿色部分为错误的预测。该方法预测得到 91 对蛋白质相互作用的方向，其中 81 对与 KEGG 标注的方向相符，10 对不符。将 PIDS 的打分阈值从 0 提高到 2，预测准确率从89.01% 提高到 95.52%，覆盖度从 71.09% 降低到 52.34%。这些结果说明，该方法具有较好的适用性。

蛋白质相互作用中的信号流走向是组成各种信号通路的前提条件。在结构域组成的基础上，本节提出了一种推断蛋白质相互作用的信号流走向的新方法，定义了一个度量蛋白质相互作用方向性打分的参数PIDS。与以往研究相比，这种方法致力于预测成对相互作用蛋白质之间的信号流走向，便于计算和评估。在人、小鼠、大鼠、果蝇和酵母的蛋白质相互作用数据集中，采用 5 倍交叉验证对该方法评估，得到了较好的预测准确率和覆盖度。选择 PIDS 阈值为 2 时，在多物种的混合数据集中预测准确率、覆盖度和错误率分别是 89.79%、48.08% 和16.91%。以单一物种的蛋白质相互作用作为测试集，发现该方法在进化上高级的生物中应用效果更好，尤其是在人类数据集中。

特别地，该方法可以用于蛋白质组规模的相互作用的方向预测，提供蛋白质相互作用网络的整体方向性注释。该方法不仅可以有效地预测蛋白质相互作用的未知方向，而且可以从结构域角度提供对于信号网络的全新理解。

3.2　基于蛋白质功能注释的预测方法

蛋白质功能注释的一个通用标准是基因本体论（Gene Ontology，GO)[24]，包括蛋白质具有的生物学功能、参与的生物学进程以及亚细胞定位信息。GO 被广泛应用于模式生物的蛋白质功能注释中，有助于蛋白质表达谱和蛋白质相互作用网络的功能分析[25]。有研究表明，功能相似的蛋白质之间倾向于发生相互作用[26-27]。类似地，发生相互作用的蛋白质之间往往包含一些相互关联的功能。通常，具有某种功能的蛋白质会位于具有另外一种相关功能的蛋白质的上游，因此隐含了信号网络中蛋白质相互作用的上下游关系。

在 GO 功能注释的基础上，本节统计了参与有向相互作用的蛋白质对应的 GO 条目，寻找可能提示蛋白质上下游关系的功能关联。在蛋白质功能关联的基础上，本节提出了一种预测蛋白质相互作用中信号流走向的新方法，并在人、小鼠、大鼠、果蝇和酵母的蛋白质相互作用数据集中采用交叉验证对该方法进行了评估。

3.2.1　蛋白质功能注释

近年来，一种等级化、结构化、动态和限定的词汇表基因本体论（GO）被用于描述基因或者蛋白质参与的生物学进程（biological process）、所处亚细胞定位（cellular component）和具有的分子功能（molecular function），这种方法在生物学研究，特别是高通量实验数据分析中取得了成功。现在，GO 被广泛应用到模式生物的蛋白质功能注释中，并且成为事实上的功能注释标准。GO 协会（GO consortium）提供了 GO 词汇表和 GO 注释（GO Annotation，GOA），能够查询到多个物种大部分蛋白质的已知注释信息。

3.2.1.1　GO 注释工具

GO 词汇表具有有向非循环图结构，按照详细程度分成多个等级，一个蛋白质可能对应多个 GO 条目（图 3-7）。随着 GO 词汇表的不断发展，传统的单个查询方式难以适应大批量数据的功能注释。因此，人们发展了很多有效的 GO 分析工具，如 GOMiner[28]，GO-Mapper[29]，GOStat[30]等。本节采用本实验室开发的蛋白质功能在线分析工具 GOfact（GO functional annotation and clustering tool）[31]，批量地得到相关蛋白质的所有功能注释信息，作为蛋白质相互作用方向性预测的基础。

3.2.1.2　参与有向相互作用的蛋白质的 GO 注释

利用蛋白质的功能注释可以确定该蛋白质具有的生物学功能、参与的生物学进程以及亚细胞定位信息。蛋白质的生物学功能记录了发生相互作用的蛋白质之间的一些功能联系，而且往往发挥某些功能的蛋白质

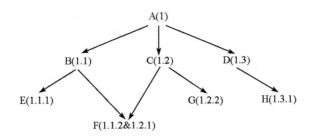

说明：大写字母代表 GO 条目，每个 GO 条目后括号内的字符串表示该条目的 GO 路径，反映 GO 顶节点到该节点的所有 GO 条目。因为 GO 的 DAG 结构，某些 GO 条目会有多条路径，如本图中的"F"。

图 3 - 7　GO 词汇表的有向非循环图结构

会位于其他蛋白质的上游，因此隐含了蛋白质对的上下游关系。同样，生物学进程也有类似的情况。鉴于信号流通常由细胞外指向细胞内，亚细胞定位信息对于蛋白质的上下游关系预测也非常有用。图 3 - 8 给出了根据功能注释预测蛋白质相互作用中信号流走向的示意图，假定蛋白质 A 和蛋白质 B 能够发生相互作用，A 对应 GO 条目为 1、2、3，B 对应 GO 条目为 4、5，每个 GO 条目分别记录了蛋白质的分子功能、生物学进程及亚细胞定位信息。当 A 的亚细胞定位为细胞质，而 B 的亚细胞定位为细胞核，根据 GO 条目之间的上下游规则，可以标注该相互作用中信号流从蛋白质 A 指向蛋白质 B。

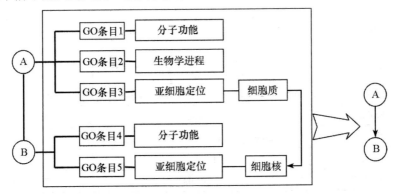

图 3 - 8　根据 GO 注释提示蛋白质相互作用上下游关系的示意图

以 3.1 节中建立的人、小鼠、大鼠、果蝇和酵母中已知方向的蛋白质相互作用为训练集，分析其中所有蛋白质的功能注释，发现了 2426 条对应的 GO 条目。进一步，计算各 GO 条目在这些蛋白质中出现的次数占所有 GO 条目出现次数的比例（表 3 - 3）。结果发现 protein binding 最多，占 34.0%；其次是 cytoplasm，占 24.3%；同时 signal transduction 也较多，比例为 19.6%。

表 3 - 3　参与有向相互作用的蛋白质的功能注释中比例较高的 GO 条目

GO 条目	描述	比例（%）
0005515	protein binding	34.0
0005737	cytoplasm	24.3
0005886	plasma membrane	22.5
0016020	membrane	20.6
0016021	integral to membrane	19.8
0007165	signal transduction	19.6
0005576	extracellular region	19.2
0000166	nucleotide binding	18.8
0005524	ATP binding	18.4
0005634	nucleus	17.3
0016740	transferase activity	15.7
0004872	receptor activity	14.6
0006468	protein amino acid phosphorylation	13.8
0005615	extracellular space	10.1
0006955	immune response	9.9
0004674	protein serine/threonine kinase activity	9.7
0005622	intracellular	9.3
0005887	integral to plasma membrane	7.6
0005829	cytosol	7.3
0007275	development	7.0

3.2.2　根据功能注释预测蛋白质相互作用中信号流走向的方法

　　根据人、小鼠、大鼠、果蝇和酵母中已知方向的蛋白质相互作用，可以估计蛋白质对应 GO 条目对之间的功能关联，进而提示蛋白质相互作用的信号流走向。类似于 3.1 节中计算结构域相互作用方向性打分的方法，本节定义了 GO 条目对之间的方向性打分：

$$\mathrm{GODS}(g_{ij}) = \frac{\Pr(g_i{\rightarrow}g_j) - \Pr(g_j{\rightarrow}g_i)}{\Pr(g_i) \times \Pr(g_j)} \qquad (3-3)$$

这里 g_i 和 g_j 表示两个 GO 条目，$g_i{\rightarrow}g_j$ 表示一对蛋白质相互作用，分别具有 GO 条目 g_i 和 g_j。如果 $\mathrm{GODS}(g_{ij}) > 0$，那么具有 g_i 条目的蛋白质往往位于具有 g_j 条目的蛋白质的上游；反之，$\mathrm{GODS}(g_{ij}) < 0$，则具有 g_i 条目的蛋白质往往位于具有 g_j 条目的蛋白质的下游。

　　信号蛋白质的对应 GO 条目可能包括同一功能类别下面的很多层，例如，蛋白质 KSR2 的 GO 功能注释层级结构可以细分为 4 到 5 层（图 3-9）。将一个蛋白质对应的 GO 条目取到最底层，以免多层 GO 条目之间出现重复的证明。因此，该蛋白质被注释为 1.3.3.11 cellular metabolism，2.1.14.6 cytoplasm 和 3.3.40.16.3 kinase activity。同时，限定 GO 的分子功能、生物学进程和亚细胞定位三个分类中，只有同类 GO 条目之间可以计算其 GODS 参数，以保证得到的功能关联的合理性。

　　以人、小鼠、大鼠、果蝇和酵母中已知方向的蛋白质相互作用作为训练集，计算不同 GO 条目对之间的 GODS 参数。结果发现，共有 64742 对 GO 条目的方向性打分 GODS 绝对值大于 0，其中 36378 对 GO 条目的 GODS 绝对值大于 20。在这些 GO 条目对中，可以找到一些生物学上容易理解的规则。例如，对应 GO：0005154（epidermal growth factor receptor binding）的蛋白质通常位于对应 GO：0051205（protein insertion into membrane）的蛋白质的上游，其 GODS 值为 301.52。而对应 GO：0005737（cytoplasm）的蛋白质往往位于对应 GO：0005634（nucleus）的蛋白质的上游，其 GODS 值为 0.14。图 3-10 给出了所有 GO 条目对之间 GODS 值的分布直方图，它们在一个较低的范围内富集，随着

GODS 值增大而数目减少。

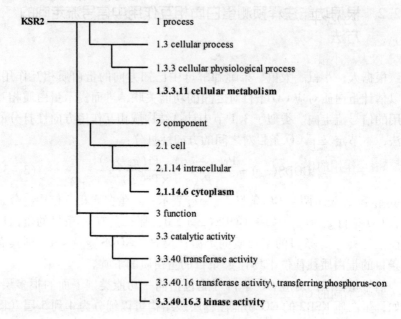

图 3-9　GO 层级结构示意图

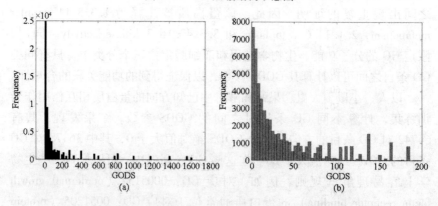

图 3-10　所有 GO 条目对之间的 GODS 分布直方图

　　进一步，根据单个蛋白质对应的 GO 条目，计算一对蛋白质相互作用中所有 GO 条目对之间的 GODS 平均值，从而推断该蛋白质相互作用中信号流走向。

3.2.3　方法评估

以人、小鼠、大鼠、果蝇和酵母中已知方向的蛋白质相互作用作为标准阳性集，蛋白质复合体数据作为标准阴性集。下面分别采用 5 倍交叉验证和不同物种间推广的方法评估基于 GO 功能注释上的预测方法在不同数据集中的性能。准确率是指预测方向正确的蛋白质相互作用所占的比例，而覆盖度是指所有包括研究的 GO 条目对的蛋白质相互作用占所有相互作用的比例。错误率指蛋白质复合体中预测为有方向的比例。

3.2.3.1　5 倍交叉验证结果

采用 5 倍交叉验证评估该方法的预测效果，随机选取 4/5 的有方向的蛋白质相互作用作为训练集，其余 1/5 作为阳性测试集，蛋白质复合体的数据作为阴性测试集，交叉重复 5 次，把 5 次结果取平均作为评估结果。

选择不同的 GODS 阈值，观察在人、小鼠、大鼠、果蝇和酵母的混合数据集中基于功能注释的方法的准确率、覆盖度和错误率的变化情况（图3－11）。选择 GODS 阈值为 2，该方法的准确率、覆盖度和错误率分

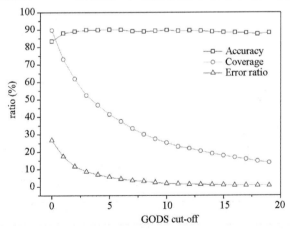

图 3－11　在不同 GODS 阈值下，基于功能注释的方法的准确率、覆盖度和错误率变化曲线

别为 89.01%、61.94% 和 11.74%。当 GODS 阈值上升到 10，准确率变为 89.78%，覆盖度为 25.26%，而错误率降低至 1.86%。随着 GODS 阈值的升高，准确率没有明显的改变，错误率显著降低，同时覆盖度下降较快。在实际应用中，用户可以根据自己的需要选择不同的 GODS 阈值。

3.2.3.2 在不同物种中的性能

进一步，比较基于功能注释的方法在不同物种中的性能（图 3-12）。

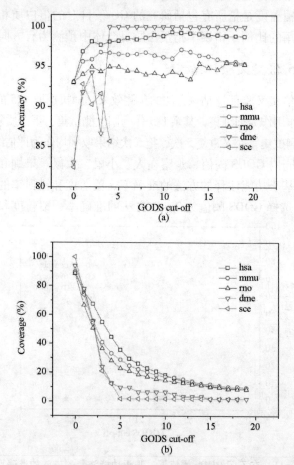

图 3-12 在不同 GODS 阈值下，基于功能注释的方法在多物种测试
集中准确率和覆盖度变化曲线

将一个物种的蛋白质相互作用作为测试集，其他物种中已知方向的蛋白质相互作用作为训练集，比较该方法在人、小鼠、大鼠、果蝇和酵母的数据集中预测的准确率和覆盖度。结果发现，该方法在进化更高级的物种中具有更高的覆盖度，尤其是对人蛋白质相互作用。在果蝇的数据集中，该方法具有最高的准确率，其次是人的数据集中。当 GODS 阈值取为 2 时，在人的测试集中可以得到 98.17% 的准确率和 67.32% 的覆盖度。因此，可以认为该方法在人的蛋白质相互作用中的预测结果是非常可信的。

综上所述，蛋白质的功能注释可以提供该蛋白质具有的生物学功能、参与的生物学进程以及亚细胞定位信息。按照信号网络的组织原则，通常发挥某些功能的蛋白质会位于具有另外一些相关功能的蛋白质的上游，因此隐含了蛋白质相互作用的上下游关系。在 GO 功能注释的基础上，本节提出了一种预测蛋白质相互作用中信号流走向的新方法。首先，采用 GOfact 软件分析已知方向的蛋白质相互作用数据集中所有蛋白质的 GO 功能注释。然后，计算了各 GO 条目对之间的方向性打分 GODS，揭示 GO 条目之间的功能关联，用于推断蛋白质相互作用中的信号流走向。最后，在人、小鼠、大鼠、果蝇和酵母的混合数据集中，采用 5 倍交叉验证对该方法进行评估，取得了较好的结果。当 GODS 阈值取为 2 时，准确率、覆盖度和错误率分别为 89.01%、61.94% 和 11.74%。以单一物种的已知方向的蛋白质相互作用作为测试集，其他物种的蛋白质相互作用作为训练集，发现在果蝇的数据集中预测准确率最高，其次为人的数据集中。并且，随着物种在进化上更加高级，该方法的预测覆盖度越高。

经过评估发现，功能关联是一种提示蛋白质上下游关系的重要证据。然而，考虑到研究较深入的已知蛋白质功能注释比较丰富，而未知的蛋白质功能注释较少，可能限制了该方法的应用，导致在未知数据集中预测的准确率和覆盖度有所下降。

3.3　基于蛋白质序列的预测方法

近年来人们提出了一些方法，根据蛋白质的一级序列预测蛋白质对能否发生相互作用，仅采用氨基酸序列估计发挥特定生物功能的两个蛋白质之间发生相互作用的倾向[32-34]。Najafabadi 等根据蛋白质的密码子使用提取蛋白质的序列特征，发现蛋白质对的密码子相似性能够提示该对蛋白质是否发生相互作用，得到了较高的预测敏感度和特异性[32]。Bock 等根据蛋白质的氨基酸序列和生物化学属性采用支持向量机方法预测蛋白质相互作用，得到了 80% 左右的预测准确率[33]。Shen 等仅使用蛋白质序列信息，采用支持向量机方法预测蛋白质相互作用，并提出了一种新的内积函数，提高了预测准确率[34]。

类似地，由于蛋白质的一级序列是信号网络中蛋白质相互作用方向性的基础，反映了蛋白质上下游关系的结构特征，因此可能提示其中的信号流走向。本节利用合理的数学表示形式提取蛋白质的一级序列特征，并采用支持向量机方法生成判别器，提出了一种预测蛋白质相互作用中信号流走向的新方法。

3.3.1　蛋白质序列的数学表示方法

3.3.1.1　氨基酸分类

首先，为了减少向量空间的维数，并且考虑到氨基酸同义替换的问题，对氨基酸进行分类。蛋白质相互作用主要包括静电（氢原子）相互作用和疏水的相互作用，这两类相互作用可以通过氨基酸边链的极性和体积规模体现。相应地，这两个参数可以通过密度泛函理论方法 B3LYP/6 – 31G 和分子建模方法获得[35]。根据边链的极性和体积规模，将 20 个氨基酸分成七类（表 3 – 4）。在相同分类中，氨基酸具有类似的特性，参与同义替换。

表 3 - 4　氨基酸分类

序号	边链的极性①	体积规模②	分类
1	-	-	Ala, Gly, Val
2	-	+	Ile, Leu, Phe, Pro
3	+	+	Tyr, Met, Thr, Ser
4	+ +	+	His, Asn, Gln, Tpr
5	+ + +	+	Arg, Lys
6	+ ′ + ′ + ′	+	Asp, Glu
7	+ ③	+	Cys

说明：①极性大小：-，Dipole < 1.0；+，1.0 < Dipole < 2.0；+ +，2.0 < Dipole < 3.0；+ + +，Dipole > 3.0；+ ′ + ′ + ′，Dipole > 3.0 并且具有相反的方向。

②体积规模：-，Volume < 50；+，Volume > 50。

③Cys 能够形成二硫键，因此将其从第三类中划分出来。

在已知方向的人蛋白质相互作用训练集中，统计各类氨基酸使用的频数（图 3 - 13）。结果发现，第二类氨基酸出现次数最多，第七类氨基酸出现次数最少，而其他几类氨基酸使用较为平均。

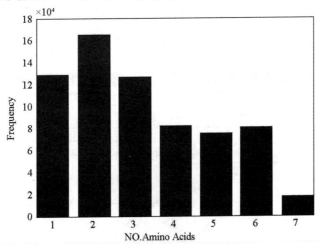

图 3 - 13　七类氨基酸使用频数

3.3.1.2 氨基酸序列表示

为了从蛋白质的一级序列上描述蛋白质相互作用，需要寻找一种合适的表示方式描述蛋白质相互作用的重要信息。为了解决这个问题，采用一种连续三元组的方法，以每三个连续的氨基酸作为一个单元，将蛋白质序列拆分成连续的三元组。在三元组中，同类的氨基酸被认为是相同的，比如氨基酸串 ART 和 VKS 是同一类，在相互作用中被认为发挥相同的作用。统计序列中三元组出现的次数，作为序列特征向量。如图 3-14 所示，蛋白质序列可以表示成向量 (V, F)，其中 V 是序列特征向量，每个特征 (v_i) 表示一系列的三元组类型，F (f_i) 表示 v_i 在蛋白质序列中出现的频数。因为氨基酸分为七类，所以 V 的大小为 $7 \times 7 \times 7$，即 $i = 1, 2, \cdots, 343$。在氨基酸分类的基础上，这种三元组的表

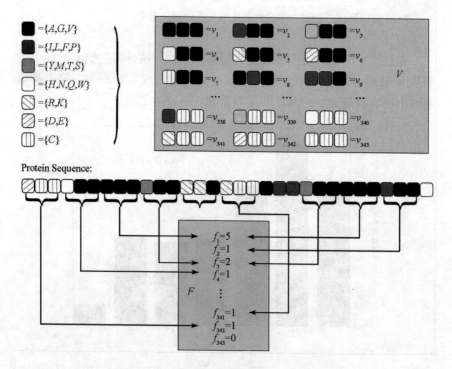

图3-14 蛋白质序列三元组划分方法示意图

示方法对蛋白质的序列特征进行了抽象。不同于 Shen 等提出的统计所有可能组合的三元组数目的序列表示方法[34]，本节将氨基酸序列按照顺序进行划分，去掉了交叉重复的情况。后续验证实验表明，基于这种序列表示的支持向量机方法在大部分物种中具有更好的预测性能。

　　通常，较长的蛋白质具有更大的 f_i 值，使得异构蛋白质的差异变得复杂。为了消除不同的蛋白质序列长度造成的影响，需要对 F 进行归一化，引入了一个新的参数 d_i，即

$$d_i = \frac{f_i - \min(f_1, f_2, \cdots, f_{343})}{\max(f_1, f_2, \cdots, f_{343})} \tag{3-4}$$

归一化之后，向量 D 中包含的特征值为介于 0 到 1 之间的实数，使得蛋白质之间可以进行比较。固定氨基酸三元组 V 的排列顺序，那么每个蛋白质序列可以表示为 $343(7 \times 7 \times 7)$ 维的向量 D。在蛋白质相互作用中，用下游蛋白质的特征向量 D 减去上游蛋白质的向量 D，作为蛋白质相互作用的序列特征，用于预测蛋白质相互作用中信号流走向。

　　进一步，以已知方向的人蛋白质相互作用训练集为例，采用主成分分析对 343 个序列特征的重要性进行比较。结果如图 3 - 15 所示，第一

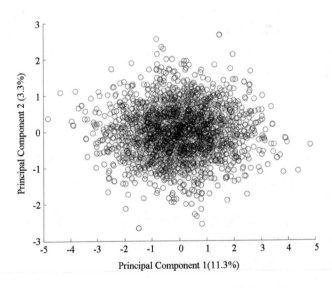

图 3 - 15　序列特征的主成分散点图

个主成分占 11.3%，第二个主成分占 3.3%。在第一个主成分中，各种特征的重要性差别不大，因此都作为分类方法的特征输入。

3.3.2 支持向量机方法介绍

3.3.2.1 基本原理

支持向量机（SVM）是数据挖掘中的一个新方法，能非常成功地处理回归问题（时间序列分析）和模式识别（分类问题、判别分析）等诸多问题，并可推广于预测和综合评价等领域，因此可应用于理科、工科和管理等多种学科[36-38]。目前国际上支持向量机在理论研究和实际应用两方面都正处于飞速发展阶段，被广泛地应用于统计分类以及回归分析中。支持向量机属于一般化线性分类器，也可以认为是提克洛夫规则化（Tikhonov Regularization）方法的一个特例。这种分类器的特点是它们能够同时最小化经验误差与最大化几何边缘区，因此支持向量机也被称为最大边缘区分类器。

支持向量机方法建立在统计学习理论的 VC 维理论和结构风险最小原理基础上，根据有限的样本信息在模型的复杂性（即对特定训练样本的学习精度）和学习能力（即无错误地识别任意样本的能力）之间寻求最佳折中，以期获得最好的推广能力。支持向量机方法具有以下几个优点：

（1）专门针对有限样本情况，其目标是得到现有信息下的最优解而不仅仅是样本数趋于无穷大时的最优值；

（2）算法最终将转化成为一个二次型寻优问题，从理论上说，得到的将是全局最优点，解决了在神经网络方法中无法避免的局部极值问题；

（3）算法将实际问题通过非线性变换转换到高维的特征空间，在高维空间中构造线性判别函数来实现原空间中的非线性判别函数，特殊性质能保证模型有较好的推广能力，同时它巧妙地解决了维数问题，其算法复杂度与样本维数无关。

3.3.2.2　算法流程

支持向量机是从线性可分情况下的最优分类面发展而来的，基本思想可用图 3 - 16 的两维情况说明。在图 3 - 16 中，实心点和空心点代表两类样本，H 为分类线，H_1、H_2 分别为过各类中离分类线最近的样本且平行于分类线的直线，它们之间的距离称为分类间隔。所谓最优分类线要求分类线不但能将两类正确区分（训练错误率为 0），而且使分类间隔最大。分类线方程为 $x \cdot w + b = 0$，对其进行归一化，使得对线性可分的样本集 $(x_i, y_i), i = 1, 2, \cdots, n, x \in R^d, y \in \{ +1, -1 \}$，满足：

$$y_i [(w \cdot x_i + b)] - 1 \geqslant 0, \quad i = 1, 2, \cdots, n \tag{3 - 5}$$

其中分类间隔等于 $2 / \| w \|$，使间隔最大等价于使 $\| w \|^2$ 最小。满足式 (3 - 5) 且使 $\dfrac{1}{2} \| w \|^2$ 最小的分类面称为最优分类面，H_1、H_2 上的训练样本点称为支持向量。

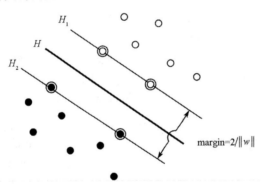

图 3 - 16　支持向量机分类超平面示意图

利用拉格朗日优化方法可以将上述最优分类面问题转化为其对偶问题，即在约束条件：

$$\sum_{i=1}^{n} y_i \alpha_i = 0 \tag{3 - 6}$$

和 $\alpha_i \geqslant 0, \ i = 1, 2, \cdots, n$ 下，对 α_i 求解下列函数的最大值：

$$Q(\alpha) = \sum_{i=1}^{n} \alpha_i - \frac{1}{2} \sum_{i,j=1}^{n} \alpha_i \alpha_j y_i y_j (x_i \cdot x_j) \tag{3 - 7}$$

其中，α_i 为原问题中与每个约束条件对应的拉格朗日乘子。这是一个不等式约束下二次函数寻优的问题，存在唯一解。容易证明，解中将只有一部分（通常是少部分）α_i 不为零，对应的样本就是支持向量。求解上述问题后得到的最优分类函数是：

$$f(x) = \mathrm{sgn}\{(w \cdot x) + b\} = \mathrm{sgn}\left\{\sum_{i=1}^{n} \alpha_i^* y_i(x_i \cdot x) + b^*\right\} \quad (3-8)$$

实际上，公式(3-8)中只对支持向量进行求和。b^* 是分类阈值，可以用任一个支持向量求得，或者通过两类中任意一对支持向量取中值得到。对于非线性问题，可以通过非线性变换将其转化为某个高维空间中的线性问题，在变换空间中求解最优分类面。

核函数是支持向量机方法中少数可调的参数之一，通常使用多项式、径向基函数等[39]。尽管一些实验结果表明核函数的具体形式对分类效果的影响不大，但是核函数的形式及其参数的确定决定了分类器的类型和复杂程度，是一种控制分类器性能的手段。其中，多项式内积函数和径向基内积函数的表示形式分别为公式(3-9)和(3-10)。

$$k(x,x') = (x \cdot x' + 1)^d \quad (3-9)$$

$$k(x,x') = \exp(-\gamma \parallel x - x' \parallel^2), \quad \gamma > 0 \quad (3-10)$$

目前已有多种成熟的工具和方法提供支持向量机的训练和应用，其中最为常用的工具是 LIBSVM[40]。LIBSVM 是一个操作简单、易于使用、快速有效的通用 SVM 软件包，可以解决分类问题（包括 C-SVC、n-SVC）、回归问题（包括 e-SVR、n-SVR）以及分布估计（one-class-SVM）等问题，提供了线性、多项式、径向基和 S 形函数四种常用的核函数供选择，可以有效地解决多类问题、交叉验证选择参数、对不平衡样本加权、多类问题的概率估计等。网上相关主页（http://www.csie.ntu.edu.tw/~cjlin/libsvm/）不仅提供了 LIBSVM 的 C++ 语言的算法源代码，还提供了 Python、Java、R、MATLAB、Perl、Ruby、LabVIEW 以及 C#. net 等多种语言的接口，便于科研工作者根据自己的需要进行改进，设计符合特定问题需要的核函数。

本节采用了一种功能强大的机器学习软件 WEKA（Waikato Environment for Knowledge Analysis）[41]，通过 WEKA 与 LIBSVM 的接口工具来完成支持向量机的训练和推广应用。

3.3.3 根据蛋白质序列预测蛋白质相互作用中信号流走向的方法

在 3.1 节建立的人、小鼠、大鼠、果蝇和酵母的已知方向蛋白质相互作用数据集中，用下游蛋白质减去上游蛋白质的向量 D，作为蛋白质相互作用的序列特征，其输出定义为 TRUE，作为标准阳性集；而用上游蛋白质减去下游蛋白质的向量 D，作为蛋白质相互作用的序列特征，其输出定义为 FALSE，作为标准阴性集。在此基础上，选择合适的序列表示和机器学习方法生成判别器，并在五个物种的标准阳性和阴性数据集中进行方法评估。

3.3.3.1 序列表示方法选择

不同于 Shen 等提出的序列表示方法中统计所有可能组合的三元组数目[34]，本节提出的方法将序列按照顺序进行划分，去掉了交叉重复的情况。下面比较两种不同序列表示方法下，采用多项式内积函数的支持向量机作为分类器在人、小鼠、大鼠、果蝇和酵母的蛋白质相互作用数据集中 5 倍交叉验证的准确率(表 3 - 5)。

表 3 - 5 不同序列表示方法下交叉验证结果比较

物种	相互作用数目	准确率（%）	
		不重复三元组	重复三元组
人	973	73.27	73.61
小鼠	925	73.67	72.74
大鼠	785	72.19	73.09
果蝇	63	93.44	87.70
酵母	57	71.05	65.79
所有	2803	70.80	73.56

经过比较发现，在单个物种中采用不重复三元组表示方法的交叉验证准确率大部分高于重复三元组表示方法的结果，尤其是果蝇和酵母的

数据集中。因此，本节选择不重复三元组的序列表示方法作为进一步的分类方法的基础。

3.3.3.2　分类方法选择

为了在 343 维的序列特征空间中得到有效的预测结果，有必要选择合理的机器学习方法生成判别器模型。决策树作为经典的机器学习方法能够生成可解释的规则，运行速度较快，与支持向量机类似，生成逻辑变量的判别结果[42]。在理论上，当输入参数较多时，支持向量机比决策树方法更适于分类和预测。本节分别选择 J48 决策树和基于多项式、径向基和 PUK 内积函数的支持向量机方法，比较它们在标准数据集上的交叉验证结果。以已知方向的人蛋白质相互作用数据集为例，采用 WEKA 软件中的支持向量机以及决策树方法分别进行 5 倍交叉验证，结果见表 3 –6。可以发现，支持向量机比决策树方法的判别效果更好，支持向量机方法的预测准确率可以达到 70% 以上，而决策树的准确率仅为 54.08%。

表 3 –6　基于蛋白质序列的不同机器学习方法结果比较

机器学习方法	准确率（%）
多项式内积函数支持向量机	73.27
径向基内积函数支持向量机	64.22
PUK 内积函数支持向量机	62.05
J48 决策树	54.08

进一步，比较支持向量机中不同核函数的选择对结果的影响。结果发现，选用多项式内积函数比径向积和 PUK 内积函数效果更好，更适于描述蛋白质的序列特征向量。因此，选定多项式内积函数的支持向量机方法用于序列基础上的蛋白质相互作用中信号流走向预测。

3.3.4　方法评估

在人、小鼠、大鼠、果蝇和酵母的已知方向的蛋白质相互作用数据集中，对基于多项式内积函数的支持向量机方法进行评估（表 3 –7）。

在各物种的数据集中，进行 5 倍交叉验证，并采用其他物种的蛋白质相互作用作为训练集，单一物种的蛋白质相互作用作为测试集，进行不同物种间推广性预测。

表 3-7　基于序列的方法在不同物种中的评估结果

物种	相互作用数目	准确率（%）	
		5 倍交叉验证	不同物种间推广
人	973	73.27	62.63
小鼠	925	73.67	66.32
大鼠	785	72.19	65.05
果蝇	63	93.44	59.02
酵母	57	71.05	50.88
所有	2803	70.80	

在各物种中，基于蛋白质序列的支持向量机方法的 5 倍交叉验证结果均能得到 70% 以上的准确率，尤其是果蝇的数据集中，准确率达到 93.44%。而当采用其他物种的蛋白质相互作用作为训练集，单个物种的蛋白质相互作用作为测试集时，其推广效果较差，准确率均在 70% 以下。因此，该方法在不同物种间的推广能力较弱，更适合于单个物种内部的训练和应用。

综上所述，在氨基酸序列的基础上，本节采用支持向量机方法预测蛋白质相互作用的信号流走向。首先，本节建立了一个向量空间（V）表示蛋白质的序列信息。考虑到每个氨基酸的属性，利用连续的三元组特征化蛋白质序列。根据物理化学性质将 20 个氨基酸分成七类，使得向量空间的维数从 $20 \times 20 \times 20$ 减小成 $7 \times 7 \times 7$。该方法建立在一个有限大小的数据集上，相应地减小变量的维数可以部分地克服过拟合的问题。另外，连续的三元组隐含了蛋白质相互作用的同义替换信息，可以扩大预测的范围。在此表示方法的基础上，用上下游蛋白质中三元组的频数差异作为特征，将支持向量机作为判别器。然后，采用 5 倍交叉验证对该方法进行评估，在人、小鼠、大鼠、果蝇和酵母的蛋白质相互作用数据集中均得到了 70% 以上的准确率，尤其是果蝇的数据集中，准确率达到了 93.44%。同时，该方法具有 100% 的覆盖度，应用范围很广。相比基于结构域和功能注释的预测方法，基于蛋白质序列的方法覆盖度更高，但是准确率较低，并且不同物种间推广能力较差。同时，评估结果发现支持向量机方法能够处理大量的特征参数，应用较为方便，但也存在着运算量较大、速度较慢等问题。

3.4 基于贝叶斯方法的整合方法

以上分别基于结构域、功能注释和蛋白质序列提出了三种方法预测蛋白质相互作用中的信号流走向。鉴于上述三种方法具有不同的优缺点和可信度，并且具有一定互补性，有必要提出一种有效的方法整合基于不同数据源和不同预测方法的结果。在数据源满足条件独立的情况下，常用的数据整合方法之一是朴素贝叶斯方法。贝叶斯方法是一种基于概率的推理分析方法，可用于整合不同类型、不同可信度的数据，对不完整或不确定数据呈现出很强的稳健性，尤其适合分析当前大量的、不完整且具有噪音的生物学数据[43]。近年来，这种方法已经广泛用于蛋白质三维结构建模、基因表达水平分析、细胞网络和通路建模、生物数据整合、蛋白质相互作用预测[44-45]以及蛋白质相互作用可靠性评估[46]等多个领域。

采用贝叶斯方法，本节整合了蛋白质的结构域和功能注释进行蛋白质相互作用中的信号流走向预测。首先，引入了似然比指标对不同参数的可信度进行量化，然后给出贝叶斯方法的综合似然比，并在已知方向的人蛋白质相互作用数据集中进行方法评估。同时，本节将该方法开发为在线网页工具，为实验设计和科学研究提供服务，并简要介绍了相关网页工具的特点和使用方法。最后，采用 ROC 曲线比较了基于结构域、功能注释和蛋白质序列的方法以及贝叶斯方法在人、小鼠、大鼠、果蝇和酵母的数据集中的性能，分析了这四种方法不同的特点和各自的适用范围。

3.4.1　贝叶斯整合方法的建立

首先对贝叶斯方法的基本原理和使用方法进行介绍，然后以已知方向的人蛋白质相互作用数据集为例，计算基于结构域和功能注释的方法在蛋白质相互作用的 PIDS 和 GODS 不同分组情况下的似然比，并考察两类证据的可靠性，最后得到贝叶斯整合方法的综合似然比。

3.4.1.1　贝叶斯方法介绍

根据贝叶斯规则的推论，一对能够发生相互作用的蛋白质 i 和 j 在评估条件 f 的支持下，信号流从蛋白质 i 指向 j 的后验几率 O_{post}（posterior odds），是信号流从蛋白质 i 指向 j 的先验几率 O_{prior}（prior odds）和似然比 LR（Likelihood Ratio）的乘积（公式（3-11））。

$$O_{post} = O_{prior} \times LR(f) \tag{3-11}$$

先验几率和后验几率可以根据阳性数据集和阴性数据集计算。

$$O_{prior} = P(pos) \div P(neg) \tag{3-12}$$

$$O_{post} = P(pos|f) \div P(neg|f) \tag{3-13}$$

其中，$P(pos)$ 和 $P(neg)$ 分别表示在没有任何生物学证据下信号流从蛋白质 i 指向 j 以及相反方向的概率，$P(pos|f)$ 和 $P(neg|f)$ 分别表示蛋白质相互作用满足评估条件 f 时，信号流从蛋白质 i 指向 j 以及相反方向的概率。而 $P(f|pos)$ 和 $P(f|neg)$ 分别表示信号流从蛋白质 i 指向 j 以及相反方向的情况下蛋白质相互作用满足评估条件 f 的概率。

由公式（3-11），（3-12），（3-13）可得：

$$LR(f) = \frac{P(f|pos)}{P(f|neg)} = \frac{TPF_f}{FPF_f} = \frac{TP_f/P}{FP_f/N} \tag{3-14}$$

其中，P、N 分别表示所有信号流从蛋白质 i 指向 j 以及相反方向的蛋白质对数目。TPF_f、FPF_f 分别表示满足评估条件 f 的信号流从蛋白质 i 指向 j 以及相反方向的数目。似然比 $LR(f)$ 表示信号流从蛋白质 i 指向 j 以及相反方向符合评估条件 f 的概率之比。根据这个定义，可以使用黄金标准数据集对评估条件 f 的似然比 $LR(f)$ 进行统计估值。评估条件 f 的似然比越高，满足信号流从蛋白质 i 指向 j 的概率越大。如果似然比大于1，表明评估条件 f 倾向于支持信号流从蛋白质 i 指向 j。同时，LR (f) 可以反映评估条件 f 的评估能力。

如果某评估条件 f 是多个条件 $f_1,f_2,\cdots,f_n$ 的联合条件，则在 $f_1,f_2,\cdots,f_n$ 条件独立的情况下，这些评估条件的联合似然比 $\mathrm{LR}(f_1,f_2,\cdots,f_n)$ 可以通过各独立似然比的乘积得到（公式（3 – 15））。这就是常说的朴素贝叶斯网络（Naive Bayesian Network），其假设称为类条件独立假设。

$$\mathrm{LR}(f_1,f_2,\cdots,f_n) = \prod_{i=1}^{i=n} \left(\frac{P(f_i \mid \mathrm{pos})}{P(f_i \mid \mathrm{neg})} \right) = \prod_{i=1}^{i=n} \mathrm{LR}(f_i) \quad (3 - 15)$$

由于蛋白质的结构域、功能注释和序列在数据来源上不尽相同，可信度也存在差异，可以认为它们之间近似独立，满足贝叶斯整合方法中类条件独立的假设。但是基于序列的支持向量机方法只能给出是或者否的结果，无法提供具体的参数值，难以整合到贝叶斯方法中。因此，本节采用贝叶斯方法整合蛋白质的结构域和功能注释两种数据源，用于预测蛋白质相互作用中的信号流走向，而基于序列的方法作为单独的预测方法使用。

如图 3 – 17 所示，给定一对尚未标注方向的蛋白质相互作用，或者一个蛋白质相互作用网络，采用基于结构域的 PIDS 参数、基于 GO 注释的 GODS 参数和基于序列的支持向量机方法进行方向预测，然后对基于结构域和 GO 注释的方法得到的结果利用贝叶斯方法进行整合。从而标注成对的蛋白质相互作用的方向，辨识出蛋白质相互作用网络中有方

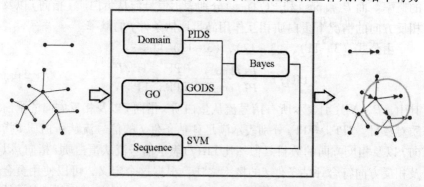

图 3 – 17　三种预测方法的整合示意图

向的子网及其信号流走向。而基于序列的方法作为其他方法的补充，可以用来与贝叶斯方法的预测结果进行比较，方便进一步的结果判读。

3.4.1.2　PIDS 分组似然比

以小鼠、大鼠、果蝇和酵母中已知方向相互作用作为训练集，已知方向的人蛋白相互作用作为测试集。将蛋白质相互作用的 PIDS 打分进行可信度分组，计算各组的似然比（图 3 – 18）。随着 PIDS 值升高，各组的似然比逐渐升高。当 PIDS 大于 30 以上，似然比达到 32.2。

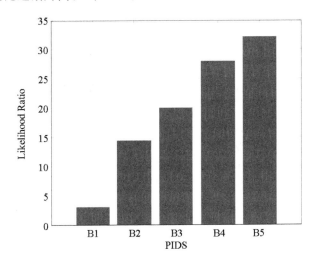

说明：B1：(0 < PIDS ≤ 2)；B2：(2 < PIDS ≤ 6)；B3：(6 < PIDS ≤ 12)；B4：(12 < PIDS ≤ 30)；B5：(30 < PIDS)。

图 3 – 18　将 PIDS 进行可信度分组并计算各组的似然比

3.4.1.3　GODS 分组似然比

以大鼠、小鼠、果蝇和酵母中已知方向的相互作用数据集作为训练集，已知方向的人蛋白相互作用数据集作为测试集。将 GODS 进行可信度分组，并计算各组的似然比（图 3 – 19）。随着 GODS 值升高，各组的似然比逐渐升高。当 GODS > 15 时，该分组的可信度最高，似然比达到 101。在类似的分组情况下，GODS 组别的似然比大于 PIDS 组别的似然比，表明蛋白质功能关联相对于结构域来说是一种更为有效的预测蛋白质相互作用中信号流走向的证据。

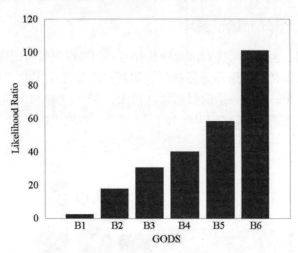

说明：B1：(0 < GODS ≤ 1)；B2：(1 < GODS ≤ 3)；B3：(3 < GODS ≤ 5)；B4：(5 < GODS ≤ 8)；B5：(8 < GODS ≤ 15)；B6：(15 < GODS)。

图 3 – 19　将 GODS 进行可信度分组并计算各组的似然比

3.4.1.4　贝叶斯方法综合似然比

由于蛋白质的结构域和功能注释之间近似独立，可以采用贝叶斯方法进行多数据源的整合，计算综合的似然比。给定一对蛋白质相互作用，首先计算其 PIDS 值和 GODS 值，然后查询其对应分组的似然比，从而计算贝叶斯的综合似然比。当基于结构域和功能注释的方法预测的方向不一致时，认为贝叶斯方法不能对其进行预测；当仅有一种方法可以得到预测结果时，贝叶斯方法的似然比等于单个方法的似然比；如果两种方法预测的方向一致，则计算两个似然比的乘积作为综合的似然比（图 3 – 20）。如果一对蛋白质相互作用的方向受到多个生物学证据的支持，各似然比均大于 1，那么其联合似然比将大于单个生物学证据的似然比，具有更高的可信度。

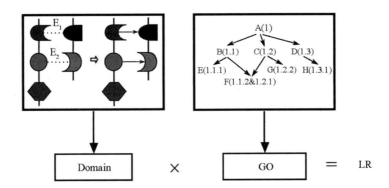

说明：贝叶斯方法的似然比等于基于结构域方法得到的似然比和基于 GO 注释方法得到的似然比的乘积。

图 3 – 20　贝叶斯方法整合多种预测结果的似然比计算

3.4.2　贝叶斯方法评估

当建立贝叶斯方法之后，本节比较贝叶斯方法和基于结构域、功能注释的方法在已知方向的人蛋白质相互作用数据集中的性能。以某一物种的已知方向的蛋白质相互作用作为测试集，其他物种的蛋白质相互作用作为训练集，评估在人、小鼠、大鼠、果蝇和酵母的数据集中贝叶斯方法的准确率和覆盖度随似然比阈值变化的情况。

3.4.2.1　基于结构域和功能注释的方法与贝叶斯方法结果比较

将大鼠、小鼠、果蝇和酵母中已知方向的蛋白质相互作用数据集作为训练集，已知方向的人相互作用数据集作为测试集，应用基于结构域和功能注释的方法与贝叶斯整合方法，比较不同方法的性能并评估贝叶斯方法的效果。

理论上，似然比可以反映蛋白质相互作用信号流走向预测结果的可信度。因此，在使用似然比筛选高可靠的有方向的蛋白质相互作用时，选择似然比临界值 LR_{cut} 越大，检测结果中真阳性（TP）所占比例应越高。为了验证此假设，基于已知方向的人蛋白质相互作用测试集，本节计算了不同 LR_{cut} 下各种方法检出真阳性 TP 和假阳性 FP 的数目之比

TP/FP（图 3 - 21）。结果表明，单一方法和贝叶斯方法检出结果中 TP/FP 均随着 LR_{cut} 变大而上升，说明似然比指标可以反映一对蛋白质相互作用中信号流走向预测结果的可信度。

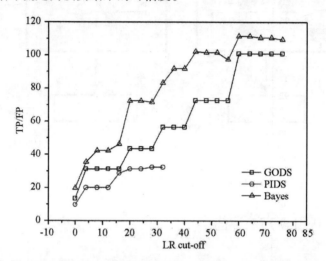

图 3 - 21　似然比反映了蛋白质相互作用中信号流走向预测结果的可信度

进一步，在人的蛋白质相互作用测试集中，比较不同似然比阈值下基于结构域和功能注释的方法与贝叶斯方法的准确率和覆盖度变化情况（图 3 - 22）。

结果发现，在不同似然比阈值下贝叶斯方法的准确率均高于基于结构域和基于功能注释方法的结果，而且覆盖度大大提高。综合考虑准确率和覆盖度的分布情况，选取贝叶斯方法的似然比阈值为 16。当似然比阈值取为 16 时，基于结构域、基于 GO 注释和贝叶斯方法的准确率分别为 96.90%、97.75% 和 98.64%，覆盖度分别为 23.23%、54.78% 和 67.83%。从而推断，采用贝叶斯整合方法标注大规模的蛋白质相互作用网络中的信号流走向，将比单个方法得到更大的有方向的子网，而且预测结果更加可靠。

3.4.2.2　在不同物种中的性能

以某一物种的已知方向的蛋白质相互作用作为测试集，其他物种的蛋白质相互作用作为训练集，比较在人、小鼠、大鼠、果蝇和酵母的蛋

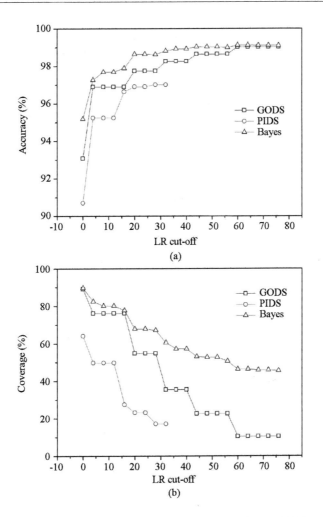

(a)

(b)

图 3 - 22　在不同似然比下，贝叶斯方法与基于结构域和
基于 GO 方法的准确率和覆盖度曲线

白质相互作用数据集中贝叶斯方法的性能（图 3 - 23）。结果发现，在不同物种中贝叶斯方法均能达到较高的准确率。当似然比阈值选为 16 时，在大鼠的数据集中准确率为 84.99%，而在人、小鼠、果蝇和酵母的蛋白质相互作用数据集中均能达到 97% 以上。并且随着物种进化上更加高级，预测的覆盖度越高。但是考虑到覆盖度的限制，实际应用过

程中可以在不同的物种中选用不同的似然比阈值。

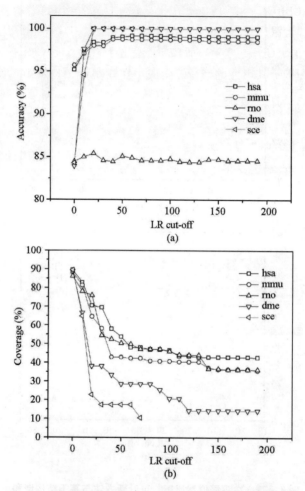

图 3-23　在不同物种中，贝叶斯方法的准确率和覆盖度曲线

3.4.3　预测蛋白质相互作用中信号流走向的网页工具

采用 perl CGI（Common Gateway Interface）技术，将基于结构域、功能注释的方法和贝叶斯方法开发为在线网页工具，用于预测蛋白质相

互作用中的信号流走向。在该工具中，用户可以选择 KEGG ID、Uniprot、NCBI GI、NCBI Gene ID 以及蛋白质名称作为表示方式，输入人、小鼠、大鼠、果蝇和酵母中的蛋白质相互作用。输出结果将给出预测的 PIDS 值、GODS 打分、似然比值及其包含的结构域相互作用和 GO 注释条目，提示其可能的信号流走向。在线网页工具的主页面如图 3 - 24 所示，预测结果可以在线显示并提供文件下载。另外，网页中提供了"文档""帮助"和"联系我们"三个子页面，以方便用户使用。

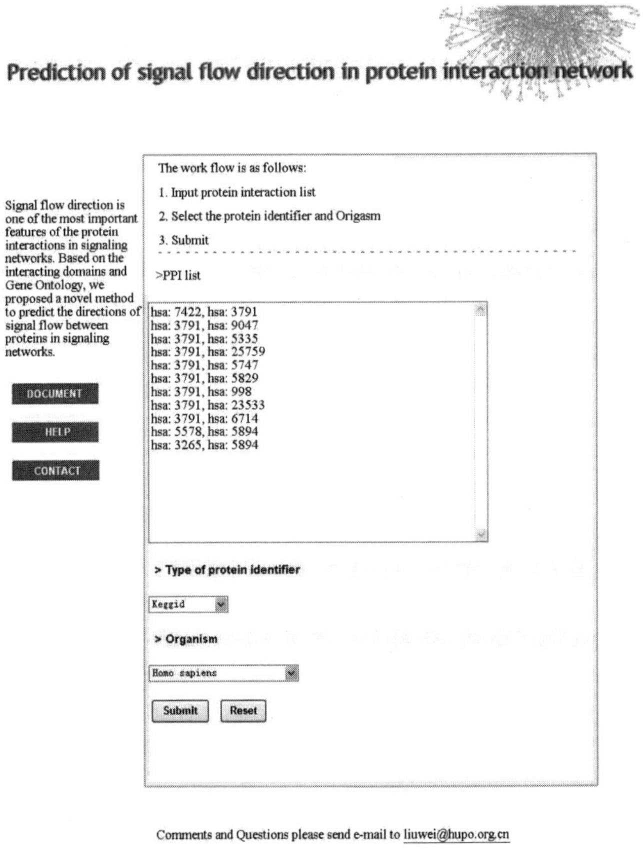

图 3 - 24　基于贝叶斯方法预测蛋白质相互作用中信号流走向的网页工具界面

3.4.4 基于结构域、功能注释和蛋白质序列的方法与贝叶斯方法比较

本节采用贝叶斯方法整合基于结构域和功能注释两种方法得到的结果。在不同似然比情况下，贝叶斯方法均得到了相比基于结构域和功能注释的方法更高的准确率和覆盖度。本节将对多种预测方法进行系统的比较，揭示其各自的优缺点和适用范围。

在衡量分类系统准确性时，灵敏度（sensitivity，即真阳性率 TPF）和特异性（specificity，即 1 − FPF，其中 FPF 为假阳性率）是两个常用的指标。分类系统的灵敏度表示其识别数据集中真阳性数据的能力，而特异性表示其识别数据集中假阳性数据的能力。一般而言，随着临界值增大，分类系统的灵敏度降低而特异性增加。ROC 曲线（Receiver Operating Characteristic curve，ROC curve）即受试者工作特征曲线，用图形方式表述了这两个指标的平衡[47]。ROC 曲线的曲线下面积可以描述分类系统的分类效率。完全无价值的分类系统其灵敏度和特异性始终相等，ROC 曲线相当于从（0，0）到（1，1）的对角线，曲线下面积为 0.5。而完善的分类系统真阳性率始终为 1，假阳性率始终为 0，曲线下面积为 1。以已知方向的人蛋白质相互作用数据集为例，绘制基于结构域、功能注释的方法和贝叶斯方法预测结果的 ROC 曲线（图 3 − 25），可以发现贝叶斯方法的曲线下面积明显大于基于结构域和功能注释的方法，该方法具有最高的分类准确性。

进一步，采用 ROC 曲线比较基于结构域、功能注释和蛋白质序列的方法以及贝叶斯方法在人、小鼠、大鼠、果蝇和酵母的数据集中的性能（表 3 −8）。其中，基于序列的方法得到的结果为 5 倍交叉验证结果，而其他结果为不同物种间推广的结果。在五个物种的数据集中，相比基于结构域、功能注释和蛋白质序列的方法，贝叶斯方法的 ROC 曲线均具有最大的曲线下面积。对于五个物种的混合数据集，基于结构域、功能注释和蛋白质序列的方法对应曲线下面积分别为 0.866、0.950 和 0.708，而贝叶斯方法具有最大的曲线下面积 0.968。即在同样的灵敏度下，贝叶斯方法具有比其他方法更高的特异性。

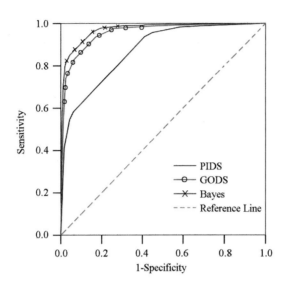

说明：参考线为（0，0）到（1，1）的对角线，表示不能分类。

图 3 - 25　在人的测试集中，基于结构域、功能注释和贝叶斯方法的 ROC 曲线

表 3 - 8　四种预测方法的评估结果比较

物种	相互作用数目	ROC 曲线下面积			
		基于结构域	基于功能注释	基于序列	贝叶斯
人	973	0.871	0.957	0.733	0.972
小鼠	925	0.865	0.949	0.737	0.968
大鼠	785	0.876	0.942	0.722	0.966
果蝇	63	0.867	0.954	0.934	0.969
酵母	57	0.682	0.898	0.710	0.912
所有	2803	0.866	0.950	0.708	0.968

经过理论分析和评估结果比较，发现这四种预测方法各有优缺点：

（1）基于结构域、GO 注释的方法和贝叶斯方法可以给出具体的打分值，方便进一步的结果筛选；而基于序列的方法只能给出是或者否的结论。

（2）基于结构域、GO 注释的方法和贝叶斯方法可以用于区分那些本来不具有方向的蛋白质相互作用；而基于序列的方法不具备这样的能力。

（3）基于结构域的方法在不同物种混合后效果更好，说明受直系同源蛋白质影响较大，在不同物种间具有很好的推广性；而基于序列的方法在不同物种混合后预测效果变差，在不同物种间推广性较差。

（4）基于结构域、GO 注释的方法和贝叶斯方法在高等物种中分类效果更好；而基于序列的方法在低等物种中预测效果更好。

（5）尽管基于序列的方法准确率不如另外三种方法，但具有 100%的覆盖度，应用范围最广。

（6）基于 GO 注释的方法整体预测率最高，但是考虑到研究较少的蛋白质功能注释信息较少，其实际预测效果可能有所下降；而基于结构域和序列的方法不存在这个问题。

在实际应用过程中，推荐优先使用贝叶斯方法预测蛋白质相互作用中的信号流走向，其预测结果是最为可信的。当贝叶斯方法不能得到预测结果，且确定该对蛋白质相互作用参与信号传递时，可以采用基于序列的方法帮助预测其中的信号流走向。

综上所述，鉴于三种方法不同的优缺点、可信度及互补性，本节采用贝叶斯方法整合基于结构域和功能注释的方法的预测结果。首先，对基于结构域和功能注释的方法所得到的 PIDS 和 GODS 打分值进行分组，计算各分组的似然比。结果发现 GO 功能注释是评估能力最强的证据，最高似然比可以达到 100 以上；而基于结构域的 PIDS 分组中最高似然比为 32.2。将一对蛋白质相互作用在各证据中的似然比相乘，可以得到综合似然比。然后，在已知方向的人蛋白质相互作用数据集中，对贝叶斯方法进行评估，发现多证据支持的预测结果的可信度高于单一证据，并且具有更高的覆盖度。当似然比阈值取为 16 时，贝叶斯方法的准确率和覆盖度可以达到 98.64%和 67.83%。最后，对基于结构域、功能注释和蛋白质序列的方法以及贝叶斯方法进行比较，发现它们在特点和可信度上存在差异。其中，贝叶斯的方法可信度最高，其次为基于功能注释的方法，再次为基于结构域的方法。基于结构域、GO 注释的方法和贝叶斯方法能够给出具体的打分值，并且识别蛋白质相互作用网络中有方向的子网。而基于序列的方法只能给出是或否的结果，整体准确率不高，但是具有最好的覆盖度。同时，这四种方法在不同的物种中存在着一定的互补性，基于结构域、GO 注释的方法和贝叶斯方法在高等物种中效果更好，而基于序列的方法在低等生物中效果更好。因此，在实际应用过程中，可以针对不同的需要综合运用这四种方法，得到更加可信的预测结果，并在蛋白质的结构域、功能和序列上提供对于信号网络的全新理解。

3.5　在整合的人蛋白质相互作用网络中推断潜在信号通路并进行属性分析

随着生命现象的研究逐渐由获取基因序列信息转向研究基因功能，一门新的学科——蛋白质组学应运而生[48]。蛋白质组是一个在空间和时间上动态变化的整体，其功能往往是通过蛋白质之间相互作用而表现出来的。这种相互作用存在于机体每个细胞的生命活动过程中，相互交叉形成网络，构成细胞中一系列重要生理活动的基础。因此，对于蛋白质相互作用的研究已成为蛋白质组学中最主要研究内容之一。迄今发展了包括经典的噬菌体展示技术、酵母双杂交系统[49]以及新近发展并广泛应用的串联亲和纯化[50]和荧光共振能量转移技术、表面等离子共振技术等多种有效的研究蛋白质间相互作用的高通量分析方法，产出了大规模的蛋白质相互作用数据[2-5]。

在蛋白质相互作用数据库[51-54]和相关研究报道[22,27]中，存储了大量的人蛋白质相互作用数据，对于这些数据的分析和利用还很不充分。鉴于已知的人信号转导通路规模较小，从大规模的人蛋白质相互作用数据中挖掘有用的知识，并推断潜在的信号通路显得很有必要。通过对相关数据库和数据集的收集和整理，本节建立了一个整合的人蛋白质相互作用网络，包含了蛋白质组规模的人蛋白质相互作用数据。然后，综合应用 3.1 到 3.4 节提出的方法寻找该数据集中高可信度的有方向的蛋白质相互作用，构建人蛋白质相互作用预测有向网络。再进一步对该预测网络的功能、亚细胞定位和拓扑属性进行分析，推断出大量潜在的信号通路，揭示大规模信号网络的结构特点。

3.5.1　整合的人类蛋白质相互作用数据集

随着人基因组测序的完成和蛋白质相互作用检测技术的发展，出现了很多有关人的蛋白质相互作用数据集[51-54]。整合 HPRD[51]、DIP[52]、MINT[53]、BIND[54]数据库以及文献［22，27］报道的大规模相互作用数据集，本节得到了 45238 对非冗余的蛋白质相互作用。要求相互作用具有唯一的 Entrez 基因标识，并且不存在于蛋白质复合物中。同时，这些相互作用由实验方法得到，不包括生物信息学工具的预测结果，以保证其可靠性。这些相互作用包含了人的蛋白质组规模的成对相互作用，组成了整合的人类蛋白质相互作用数据集。

3.5.2　人蛋白质相互作用网络的方向标注

在整合的人类蛋白质相互作用数据集中，应用基于结构域、功能注释的方法以及整合的贝叶斯方法挖掘有方向的蛋白质相互作用子网，推断其中蛋白质相互作用的信号流走向，并采用基于序列的方法提取其中更加可信的蛋白质相互作用的方向。

3.5.2.1　基于结构域方法的预测结果

在整合的人类蛋白质相互作用数据集中，采用基于结构域的方法预测蛋白质相互作用的信号流走向。在 45238 对蛋白质相互作用中，共有 5530 对蛋白质相互作用被预测为有向的，其 PIDS 值大于 2。从而建立了一个由 2237 个蛋白质和 5530 对相互作用组成的预测有向蛋白质相互作用网络，PIDS 均值为 19.97 ± 0.57（标准差）。其中，EIF4EBP1 和 EIF4E2 之间的相互作用预测为方向性最强，PIDS 值为 552.78。

同时，如图 3 - 26 所示，预测网络中蛋白质相互作用的 PIDS 分布与已知方向的人蛋白质相互作用训练集中 PIDS 分布基本类似，说明了该预测结果的合理性。

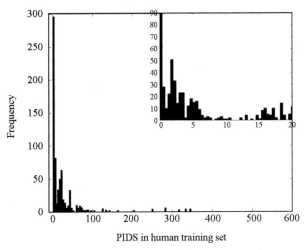

(a) 人蛋白质相互作用训练集中PIDS分布

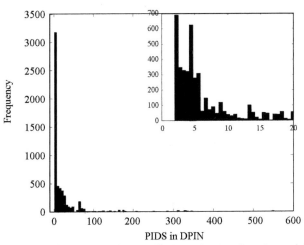

(b) 基于结构域方法的预测结果中蛋白质相互作用的PIDS分布

图 3-26　人的训练集及基于结构域方法预测得到的蛋白质
相互作用的 PIDS 分布

3.5.2.2 基于 GO 注释方法的预测结果

将基于功能注释的方法应用于整合的人类蛋白质相互作用数据集，发现了 12360 对蛋白质相互作用的 GODS 值大于 2，GODS 均值为 8.04 ±0.12（标准差）。其中，方向性打分最高的相互作用为 DNAJB1 和 PTGES3，其 GODS 值高达 276.39。基于 GO 的方法预测得到的有方向蛋白质相互作用的 GODS 分布如图 3 - 27 所示，绝大部分蛋白质相互作用的 GODS 分布在一个较低的范围内。

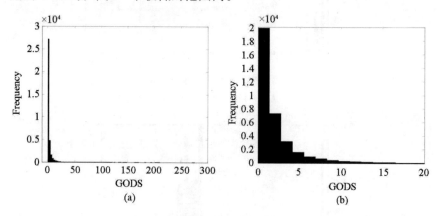

图 3 - 27　基于 GO 的方法预测得到的有方向蛋白质相互作用的 GODS 分布

3.5.2.3 贝叶斯整合方法的预测结果

在整合的人类蛋白质相互作用数据集中，采用贝叶斯方法整合基于结构域和功能注释方法所得到的预测结果，发现 18742 对蛋白质相互作用的综合似然比值大于 2，其中 10051 对蛋白质相互作用的综合似然比值大于 16。图 3 - 28 给出了通过贝叶斯方法预测得到的有方向的蛋白质相互作用网络，包括 5111 个蛋白质和 10051 对相互作用。其中，297 对（2.95%）蛋白质相互作用在已知通路数据库中报道过，89.23%（265/297）的蛋白质相互作用的方向与 KEGG、BioCarta 或者 NCI - Nature_ Curated 数据库相吻合，表明该方法具有较高的准确率。

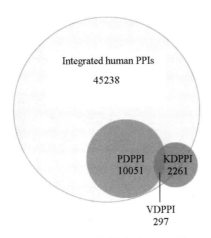

(a) 在所有的人蛋白质相互作用中有方向的相互作用所占的比例。PDPPI：预测有方向的蛋白质相互作用。KDPPI：已知方向的蛋白质相互作用。VDPPI：经验证有方向的蛋白质相互作用，是PDPPI和KDPPI的交集。

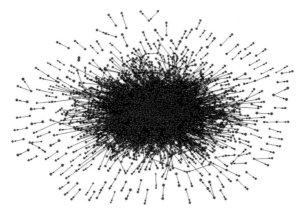

(b) 预测得到的人类有向蛋白质相互作用网络。其中，预测网络图片采用Pajek软件[55]绘制。

图 3 – 28　贝叶斯方法预测得到的人类有向蛋白质相互作用网络

　　比较基于结构域、功能注释和贝叶斯方法预测的有方向蛋白质相互作用中的似然比均值和方差（图 3 – 29），其中基于结构域方法的平均似然比最小，贝叶斯方法的平均似然比最大，似然比均值为 48.02 ±

1.43。进一步证明，贝叶斯方法的预测能力最强，其次为基于功能注释的方法。

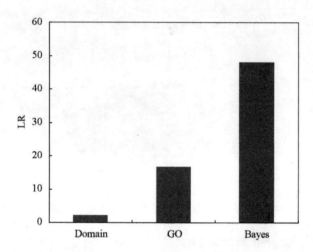

图 3 - 29　基于结构域和功能注释的方法以及贝叶斯方法预测得到的
有向蛋白质相互作用的似然比

贝叶斯方法预测得到的有方向蛋白质相互作用的似然比分布如图 3 - 30 所示，大部分蛋白质相互作用的似然比分布在一个较低的范围内，随着似然比的增大，有方向的蛋白质相互作用的数目减少。

3.5.2.4　基于序列的方法预测结果

将已知方向的人蛋白质相互作用作为训练集，由贝叶斯方法得到的似然比值大于 16 的 10051 对蛋白质相互作用作为输入，采用基于序列的方法预测蛋白质相互作用的信号流走向。通过基于序列的支持向量机方法，发现 5274 对蛋白质相互作用的方向与贝叶斯方法的预测结果相同。该结果对于人类有向蛋白质相互作用网络具有一定的补充和借鉴意义。

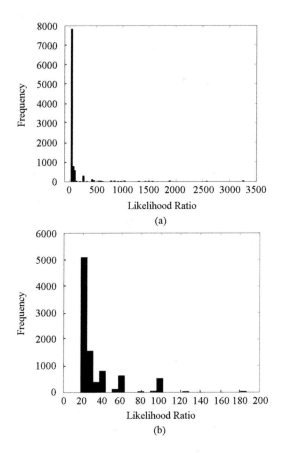

图 3 - 30　贝叶斯方法预测得到的有方向蛋白质相互作用的似然比分布

3.5.3　预测有向网络的属性分析

本节首次报道的由贝叶斯方法预测得到的 10051 对有向蛋白质相互作用具有较高的可信度，不仅扩展了已有信号网络的规模，而且方便进行实验验证，是一个非常有用的资源。为了揭示大规模信号网络的结构属性，本节将分析该网络的生物学功能、亚细胞定位和拓扑属性，并从中推断潜在的信号通路。

3.5.3.1 蛋白质相互作用的检测方法

根据相互作用的不同检测方法，在人类整合蛋白质相互作用数据集中有 22278 对蛋白质相互作用仅由一种方法检测得到，如免疫共沉淀（Co-Immunoprecipitation，CoIP）、串联亲和纯化（Tandem Affinity Purification，TAP）、酵母双杂交（Yeast Two-Hybrid）等。其中，酵母双杂交、免疫共沉淀、串联亲和纯化属于体内方法；Pull down、蛋白质芯片（protein chip）[56]属于体外方法。分别统计不同的检测方法得到的蛋白质相互作用中预测有方向的比例（表 3-9）。结果发现，13.49%的体内方法检测到的蛋白质相互作用和 29.34%的体外方法检测到的蛋白质相互作用被预测是有方向的。通过酵母双杂交检测得到的蛋白质相互作用中，4.34%的相互作用被预测具有方向，比例最高。而在蛋白质芯片方法检测得到的蛋白质相互作用中，仅有 0.05%的相互作用被预测具有方向，比例最低，表明蛋白质芯片方法对于发现信号网络中有方向的蛋白质相互作用能力较弱。

表 3-9　不同蛋白质相互作用检测方法的方向性比较

检测方法	通过该方法检测到的所有相互作用			仅通过该方法检测到的相互作用		
	数目	有向数目	有向比例（%）	数目	有向数目	有向比例（%）
酵母双杂交	27346	3372	7.51	2778	951	4.34
免疫共沉淀	12499	2311	5.15	5726	533	2.43
Pull down	3671	582	1.30	470	171	0.78
串联亲和纯化	1625	330	0.74	184	82	0.37
蛋白质芯片	541	84	0.19	74	12	0.05
所有	44875	10051	22.40	21915	5308	24.22

3.5.3.2 参与有向相互作用的蛋白质的功能注释

采用 GO[24]，本节分析了预测网络中参与有向相互作用的蛋白质的功能注释。在人的蛋白质相互作用训练集中，62.2%（453/728）的蛋白质被注释为信号转导。在人的整合蛋白质相互作用数据集中，共有 20.9%（2110/10144）的蛋白质被注释为参与信号转导。而在预测为有方向的蛋白质中，29.1%（1485/5111）的蛋白质被注释为参与信号转导。参与有向相互作用的蛋白质在信号转导分类中显著富集（$p = 3.40 \times 10^{-97}$），说明贝叶斯方法可以有效地识别信号转导中有方向的蛋白质相互作用，预测结果可信度较高。

3.5.3.3　参与有向相互作用的蛋白质的亚细胞定位

采用 PA-SUB（Proteome Analyst Specialized Subcellular Localization Server）工具[57]，标注该有向网络中蛋白质的亚细胞定位。由表 3 – 10 可见，通过预测方法标注的蛋白质相互作用的方向大部分从细胞外指向细胞内，例如从细胞外指向细胞质的蛋白质相互作用明显多于从细胞质指向细胞外的部分，从细胞质指向核内的蛋白质相互作用明显多于核内指向细胞质的部分。说明预测得到的蛋白质相互作用的信号流走向可以很好地与信号通路在亚细胞定位方面的一般原则相吻合，即沿着细胞外流向细胞内。

表 3 – 10　参与有向相互作用的蛋白质的亚细胞定位

		上游蛋白质的亚细胞定位					
		细胞外	细胞膜	细胞质	高尔基体	内质网	细胞核
下游亚细胞定位	细胞外	573	13	271	23	33	79
	细胞膜	70	21	140	1	9	14
	细胞质	305	98	3088	96	99	634
	高尔基体	14	1	82	12	6	21
	内质网	116	9	144	4	36	23
	细胞核	92	31	1293	31	41	1898

另外，本节特别关注从细胞内指向细胞外的反向蛋白质相互作用，即从细胞膜指向细胞外，从细胞质到细胞膜，以及从细胞核到细

胞质的部分。发现共有 1058 对蛋白质相互作用具有这种方向特点，似然比均值为 46.17±3.59（标准差）。可以猜想，该部分蛋白质相互作用可能在信号转导中发挥着反馈调节的重要作用。

3.5.3.4 有向网络的拓扑属性分析

对该有向网络的基本拓扑属性进行分析，可以发现该网络的蛋白质连接度分布符合幂指数分布，如图 3−31 所示，P（Connectivity）~ Connectivity$^{-2.20}$（$p = 5.30 \times 10^{-5}$），说明该网络具有小世界属性，在拓扑属性上与实际信号网络一致。另外，该网络的半径是 5.47，聚集系数是 0.05，表征了网络的内在连接情况。

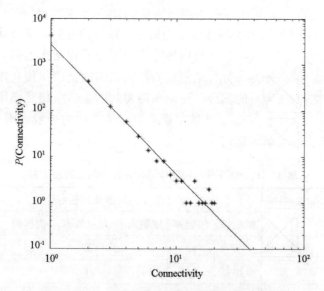

图 3−31 预测有向网络的蛋白质连接度分布

采用 MFinder 软件统计人的预测有向网络中的拓扑模块，发现在该网络中存在大量 3−节点和 4−节点的显著富集模块（表 3−11）。结果发现，大部分显著富集的模块为前馈回路，而不是反馈回路。有研究报道，这些前馈回路在信号网络中广泛存在，而在基因调控网络中较少。前馈回路可以形成多层感知器模块，组成信号通路的级联结构[58]。同时，前馈回路还可以承担多输入信号的精细功能，在节点缺失时表现出优秀的退化能力[59-60]。

表 3-11　人类有向蛋白质相互作用网络中显著富集的拓扑模块

网络模块	模块数目	Z 打分
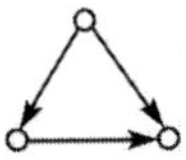	1044	33.08
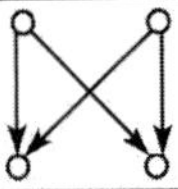	7451	49.52
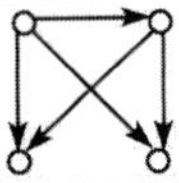	856	34.05
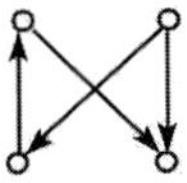	1152	6.51
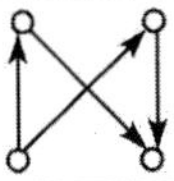	1729	34.79
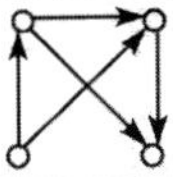	233	38.66
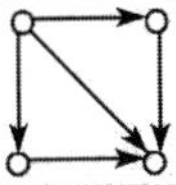	275	28.04
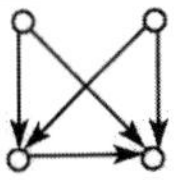	459	45.14

对于每个模块，在实际网络中和随机网络中出现的次数分别为 N_{real} 和 $N_{rand} \pm SD$。为了衡量模块的统计显著性，Z 打分定义为 $Z = (N_{real} - N_{rand})/SD$。当 Z 打分的绝对值大于 2 时，认为该模块是显著富集的。

将蛋白质所参与相互作用的似然比值之和除以蛋白质的连接度，得到每个蛋白质的平均似然比值，可以用于度量该蛋白质参与信号传递的程度。进一步，如图 3-32 所示，比较参与有向相互作用的蛋白质的平均似然比和连接度，发现它们之间存在显著的正相关，正相关系数为 0.358（$p = 1 \times 10^{-6}$），说明参与更多有向相互作用的蛋白质倾向于与更多的蛋白质发生相互作用。

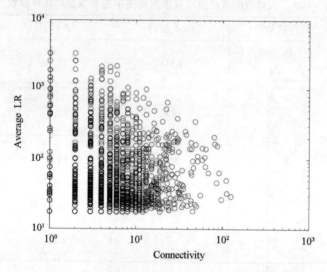

图 3 – 32   蛋白质的平均似然比与连接度的分布图

3.5.3.5   从预测有向图推断新的信号通路

通过人类的蛋白质相互作用预测有向网络，可以推断出大量新的信号通路。将仅指向其他蛋白质的细胞外蛋白质定义为输入，仅接受信号流入的核内蛋白质定义为输出，共有 271 个输入蛋白质和 701 个输出蛋白质。搜索输入和输出层之间的所有可能通路，得到 1875118 条通路，似然比均值为 69.55 ± 0.05，平均通路长度 14.40。其中，由 INHBA 指向 LEF1 的通路具有最大的似然比均值 1601.49。通路数量非常巨大，一方面可能源于信号网络中多通路的特点，另一方面可能存在部分通路在生物学意义上没有得到验证。当仅关注输入和输出之间的最短通路，得到 1989 条新的信号通路，似然比均值为 245.76 ± 4.68，平均通路长度 11.24。进一步，比较最短通路的平均似然比值和通路长度，发现它们之间具有显著的负相关关系，皮尔森相关系数为 – 0.726（$p < 10^{-6}$）。说明通路越长，信号流方向性越弱。图 3 – 33 给出了前 10 条似然比均值最大的通路，其中，大部分相互作用的

方向与文献报道的内容相吻合。

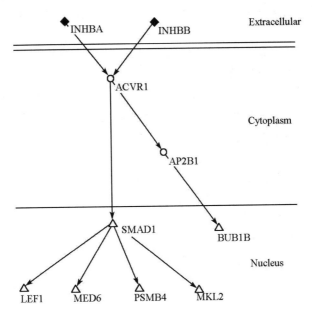

说明：细胞外的蛋白质用◆表示，细胞内的蛋白质用○表示，而核内的蛋白质用△表示。

图 3 - 33　前 10 条似然比均值最大的新的信号通路

　　综上所述，本节建立了一个整合的人的预测有方向的蛋白质相互作用网络，应用基于结构域、功能注释的方法和贝叶斯整合方法推断其中有方向的蛋白质相互作用的信号流走向，得到了一个由 5111 个蛋白质和 10051 对相互作用组成的有向网络。其中，297 对（2.95%）蛋白质相互作用在已有通路数据库中报道过，89.23%（265/297）的蛋白质相互作用的方向与 KEGG、BioCarta 或者 NCI-Nature_ Curated 数据库相吻合，表明该方法具有较高的准确率。进一步，本节分析了该有向网络的生物学注释、亚细胞定位和拓扑属性。结果发现，被预测为有方向的蛋白质在信号转导中显著富集，蛋白质相互作用的整体信号流走向符合信号网络的一般规律，并且在拓扑属性上与已知的信号网络属性相一致。在这个有向图中，发现了一些有趣的属性：在蛋白质相互作用中，信号流走向通常由细胞外指向细胞内；在信号网络中，前馈回路比反馈回路存在更加广泛；参与更多有向相互作用的蛋白质倾向于与更多的蛋白质发生相互作用；更短的通路倾向于具有更高的信号流方向性。

通过贝叶斯整合方法建立的高可信度的蛋白质相互作用有向网络对于实验和理论研究都提供了非常有用的资源，大大扩充了已有信号网络的规模，有助于阐述大规模信号网络的结构特点和作用机制。同时，该方法可以方便地应用于多个物种和数据集中，适合于蛋白质组规模的蛋白质相互作用网络的整体方向标注，具有很好的移植性和可解释性。

因为基于蛋白质一级序列的方法难以对特征向量进行分组，暂时无法将其直接整合到贝叶斯网络中，所以本节对基于结构域和功能注释的方法进行整合，将其在人的整合蛋白质相互作用数据集中预测结果与基于序列的方法进行比较。通过贝叶斯方法得到了 10051 对高可信的有方向的蛋白质相互作用，其中 5274 对相互作用的方向与基于序列的方法结果一致。由于基于蛋白质序列的方法准确率相对较低，对于该部分结果没有进行深入研究，但是该结果对于从蛋白质结构角度研究蛋白质相互作用的信号流走向具有一定的借鉴意义。

参 考 文 献

［1］ Mewes H W, Frishman D, Guldener U, et al. MIPS: a database for genomes and protein sequences. Nucleic Acids Res., 2002, 30: 31 – 34.

［2］ Uetz P, Giot L, Cagney G, et al. A comprehensive analysis of protein-protein interactions in Saccharomyces cerevisiae. Nature, 2000, 403: 623 – 627.

［3］ Ito T, Chiba T, Ozawa R, et al. A comprehensive two-hybrid analysis to explore the yeast protein interactome. Proc. Natl. Acad. Sci. USA, 2001, 98: 4569.

［4］ Li S, Armstrong C M, Bertin N, et al. A map of the interactome

network of the metazoan C. elegans. Science, 2003, 303(5657):
540 – 543.

[5] Giot L, Bader J S, Brouwer C, Chaudhuri A, et al. A protein interaction map of Drosophila melanogaster. Science, 2003, 302 (5651): 1727 – 1736.

[6] Nguyen T P, Ho T B. Discovering signal transduction networks using signaling domain-domain interactions. Genome Informatics, 2006, 17 (2): 35 – 45.

[7] Wojcik J, Schachter V. Protein-protein interaction map inference using interaction domain profile pairs. Bioinformatics, 2001, 17 (Suppl 1): S296 – 305.

[8] Guimaraes K S, Jothi R, Zotenko E, Przytycka T M. Predicting domain-domain interactions using a parsimony approach. Genome Biology, 2006, 7: R104.

[9] Sprinzak E, Margalit H. Correlated sequence-signatures as markers of protein-protein interaction. J. Mol. Biol., 2001, 311: 681 – 692.

[10] Deng M, Sun F, Chen T. Inferring domain-domain interactions from protein-protein interactions. Genome Res., 2002, 12:1540 – 1548.

[11] Liu Y, Liu N, Zhao H. Inferring protein-protein interactions through high-throughput interaction data from diverse organisms. Bioinformatics, 2005, 21(15):3279 – 3285.

[12] Riley R, Lee C, Sabatti C, Eisenberg D. Inferring protein domain interactions from databases of interacting proteins. Genome Biology, 2005, 6(10): R89.

[13] Lee H, Deng M, Sun F, Chen T. An integrated approach to the prediction of domain-domain interactions. BMC Bioinformatics, 2006, 7: 269.

[14] Raghavachari B, Tasneem A, Przytycka T, Jothi R. DOMINE: A database of protein domain interactions. Nucleic Acids Res., 2008, 36(Database Issue): D656 – 661.

[15] Bateman A, Coin L, Durbin R, et al. The Pfam protein families

database. Nucleic Acids Res., 2002, 30: 276 – 280.

[16] Jothi R, Cherukuri P F, Tasneem A, Przytycka T M. Co-evolutionary analysis of domains in interacting proteins reveals insights into domain-domain interactions mediating protein-protein interactions. J. Mol. Biol., 2006, 362(4): 861 – 875.

[17] Nye T M, Berzuini C, Gilks W R, Babu M M, Teichmann SA. Statistical analysis of domains in interacting protein pairs. Bioinformatics, 2005, 21(7): 993 – 1001.

[18] Ng S K, Zhang Z, Tan S H, Lin K. InterDom: a database of putative interacting protein domains for validating predicted protein interactions and complexes. Nucleic Acids Res., 2003, 31 (1): 251 – 254.

[19] Riley R, Lee C, Sabatti C, Eisenberg D. Inferring protein domain interactions from databases of interacting proteins. Genome Biology, 2005, 6: R89.

[20] Chen X W, Liu M. Prediction of protein-protein interactions using random decision forest framework. Bioinformatics, 2005, 21(24): 4394 – 4400.

[21] Pagel P, Wong P, Frishman D. A domain interaction map dased on phylogenetic profiling. J. Mol. Biol., 2004, 344(5): 1331 – 1346.

[22] Rual JF, Venkatesan K, Hao T, et al. Towards a proteome-scale map of the human protein-protein interaction network. Nature, 2005. 437: 1173 – 1178.

[23] Wu J, Mao X, Cai T, Luo J, Wei L. KOBAS server: a web-based platform for automated annotation and pathway identification. Nucleic Acids Res., 2006, 34(Web Server issue): W720 – 724.

[24] Ashburner M, Ball C A, Blake J A, et al. Gene Ontology: tool for the unification of biology. Nature Genet, 2000, 25: 25 – 29.

[25] Ying W, Jiang Y, Guo L, et al. A dataset of human fetal liver proteome identified by subcellular fractionation and multiple protein separation and indentification technology. Mol. Cell Proteomics,

2006, 5: 1703 - 1707.

[26] Lehner B, Fraser A G. A first-draft human protein-interaction map. Genome Biology, 2004, 5: 63.

[27] Stelzl U, Worm U, Lalowski M, et al. A human protein-protein interaction network: a resource for annotating the proteome. Cell, 2005, 122(6): 957 - 968.

[28] Zeeberg B R, Feng W, Wang G, et al. GoMiner: A resource for biological interpretation of genomic and proteomic data. Genome Biology, 2003. 4(4): R28.

[29] Smid M, Dorssers L C. GO-Mapper: functional analysis of gene expression data using the expression level as a score to evaluate Gene Ontology terms. Bioinformatics, 2004, 20: 2618 - 2625.

[30] Beissbarth T, Speed T P. GOstat: find statistically overrepresented Gene Ontologies within a group of genes. Bioinformatics, 2004, 20 (9): 1464 - 1465.

[31] Li D, Zhu Y P, He F C, et al. An integrated strategy for functional analysis in large-scale proteomic research by gene ontology. Progress in Biochemistry and Biophysics, 2005, 32(11): 1026 - 1029.

[32] Najafabadi H S, Salavati R. Sequence-based prediction of protein-protein interactions by means of codon usage. Genome Biology, 2008, 9(5): R87.

[33] Bock J R, Gough D A. Predicting protein-protein interactions from primary structure. Bioinformatics, 2001, 17: 455 - 460.

[34] Shen J, Zhang J, Luo X, et al. Predicting protein-protein interactions based only on sequences information. Proc. Natl. Acad. Sci. USA, 2007, 104: 4337 - 4341.

[35] Dreizler R, Gross E. Density Functional Theory. Plenum Press, New York, 1995.

[36] Harris D, Chris J C, Linda K, Alex S, Vladimir V. Support vector regression machines//Advances in Neural Information Processing Systems 9 (NIPS 1996). Massachusetts: MIT Press, 1996: 155 - 161.

[37] Vapnik V. Pattern recognition using generalized portrait method. Automation and Remote Control, 1963, 24.

[38] Vapnik V N. The nature of statistical learning theory. New York: Springer-Verlag, 1995.

[39] Cristianini M, Shawe-Taylor J, Campbell C. Dynamically adapting kernels in support vector machines. NIPS-98 or NeuroCOLT2 Technical Report Series, 1998.

[40] Fan R E, Chen P H, Lin C J. Working set selection using second order information for training SVM. Journal of Machine Learning Research, 2005, 6: 1889 – 1918.

[41] Ian H W, Eibe F. Data Mining: Practical machine learning tools and techniques. 2nd Edition. San Francisco: Morgan Kaufmann, 2005.

[42] Berikov V, Litvinenko A. Methods for statistical data analysis with decision trees. Novosibirsk: Sobolev Institute of Mathematics, 2003.

[43] Eddy S R. What is Bayesian statistics? Nat. Biotechnol., 2004, 22: 1177 – 1178.

[44] Jansen R, Yu H, Greenbaum D, et al. A bayesian networks approach for predicting protein-protein interactions from genomic data. Science, 2003, 302(5644): 449 – 453.

[45] Rhodes D R, Tomlins S A, Varambally S, et al. Probabilistic model of the human protein-protein interaction network. Nature Biotech., 2005, 23: 951 – 959.

[46] Li D, Liu W, Liu Z, et al. PRINCESS: a protein interaction confidence evaluation system with multiple data sources. Mol. Cell Proteomics, 2008, 7: 1043 – 1052.

[47] Zhou X H, Obuchowski N A, Mcclish D K. Statistical methods in diagnostic medicine. New York: John Wiley&Sons, 2002: 437.

[48] Anderson N L, Anderson N G. Proteome and proteomics: new technologies, new concepts, and new words. Electrophoresis, 1998, 19 (11): 1853 – 1861.

[49] Fields S, Song O. Anovelgenetic system to detect protein-protein

interactions. Nature, 1989,340: 245 – 246.

[50] Gavin A C, Bosche M, Krause R, et al. Functional organization of the yeast proteome by systematic analysis of protein complexes. Nature, 2002, 415: 141 – 147.

[51] Peri S, Navarro J D, Kristiansen T Z, et al. Human protein reference database as a discovery resource for proteomics. Nucleic Acids Res., 2004, 32(Database issue): D497 – 501.

[52] Xenarios I, Rice D W, Salwinski L, et al. DIP: The Database of Interacting Proteins. Nucleic Acids Res., 2000,28: 289 – 291.

[53] Zanzoni A, Montecchi-Palazzi L, Quondam M, et al. MINT: a Molecular INTeraction database. FEBS Letters, 2002,513: 135 – 140.

[54] Bader G D, Donaldson I, Wolting C, et al. BIND-The Biomolecular Interaction Network Database. Nucleic Acids Res., 2001, 29(1): 242 – 245.

[55] Batagelj V, Mrvar A. Pajek-analysis and visualization of large networks. In: Juenger M, Mutzel P. Graph Drawing Software. Berlin: Springer (series Mathematics and Visualization), 2003.

[56] Zhu H, Bilgin M, Bangham R, et al. Global analysis of protein activities using proteome chips. Science,2001,293(5537):2101 – 2105.

[57] Lu Z, Szafron D, Greiner R, et al. Predicting subcellular localization of proteins using machine-learned classifiers. Bioinformatics, 2004, 20(4): 547 – 556.

[58] Itzkovitz S, Levitt R, Kashtan N, et al. Coarse-graining and self-dissimilarity of complex networks. Phys. Rev. E., 2005, 71: 016127.

[59] Hertz J, Krogh A, Palmer R G. Introduction to the theory of neural computation. Santa Fe Institute. Studies in the Sciences of Complexity: Lecture Notes, Addison-Wesley, 1991.

[60] Mangan S, Alon U. Structure and function of the feed-forward loop network motif. Proc. Natl. Acad. Sci. USA, 2003, 100(21):11980 – 11985.

第4章 人体组织特异网络的构建与分析

由于基因在组织中的选择性表达，使得不同组织对应的生物网络各异，体现为网络的组织特异性。基因的组织特异性对于研究组织内的生命活动过程和蛋白质功能具有重要意义[1-3]。近年来，各种组织相关的分子表达数据大规模增长，为基因组织特异性的检测和分析提供了重要机遇[4-5]。在基因组织特异性研究中，两个重要概念是看家基因和组织特异基因。看家基因最初定义为在所有细胞系中都有表达的基因，近年来也用于定义那些具有稳定表达、用于维持细胞功能的基因。由于看家基因在各组织中的广泛表达，它们被认为是必要基因的候选。而组织选择基因是指那些在一个或少数几个组织类型中优势表达的基因。其中，仅在一个组织中独特表达的基因称为组织特异基因。基因的组织特异表达往往预示着它们具有与组织相关的功能，因此更可能成为潜在的药物靶标或疾病标志物。

本章首先讨论基因组织特异性的定义和检测方法，然后比较看家基因和组织特异基因的不同功能和特点，最后以人类组织特异表达数据为基础构建人的各种组织特异网络并分析其网络属性。

4.1 基因组织特异性的定义

根据基因在各组织中的表达丰度和范围，可以划分基因的组织特异性。在相关研究中，人们最为关注的是看家基因和组织特异基因/组织选择基因，而对于那些展现出中间范围表达模式的基因则研究较少[6]。尽管看家基因和组织特异基因的概念被广泛使用，但是对于它们的内涵却有着多种不同的解释。

4.1.1　看家基因

按照基因的组织表达特性,看家基因有两种定义方式:第一种是指在所有组织/细胞类型中都有表达的基因,这是较为常用的一种定义方式。实际上,由于测量误差和随机噪声的影响,有些基因由于表达水平很低,当低于指定阈值时就无法确定其是否为看家基因,这称为"表达泄露"。当采用基因芯片等手段检测基因在组织样本中的表达时,受噪声影响对于每个转录本总能检测到一定量的表达,因此需要人为设定阈值来排除噪声干扰。尽管大部分的看家基因相比组织特异基因的表达丰度更高,但是有些看家基因,如转录因子,可能具有较低的表达丰度,那么采用统一的阈值设定法就无法识别这些基因。鉴于此,Butte 等[7]提出了第二种定义方式,即将在不同组织中具有常数表达或稳定表达的基因定义为看家基因[8-9]。这种定义方法可以涵盖表达水平较低的看家基因,因此在最近的一些研究中得到了推广应用[10-11]。对于看家基因目前尚没有统一的、严格的定义,通常是将在大多数正常组织中有表达,且表达水平较稳定的基因作为看家基因。

4.1.2　组织特异基因

与看家基因的定义相类似,组织特异基因也可以从基因的组织表达数和在各组织间的表达变化情况来分别定义。常见的定义方式是将在一个或少数组织中有表达的基因定义为组织特异基因,或组织选择基因。另外一种定义则基于基因在各组织中表达的均衡性,将在一个或少数组织中优势表达的基因定义为组织特异基因,但实际上不同文献中提出的筛选标准不尽相同。如 Dezso 等考虑了噪声的影响,将在一个组织中独特表达,且信噪比大于 10 的基因定义为组织特异基因[8]。Yanai 等提出了一种组织特异性指标 TSI,综合基因的组织表达数和表达量变化情况来考察基因的组织特异性[6]。当基因仅在一个组织中有表达时,$TSI = 1$;当基因在多个组织中有表达,但在某一组织中的表达量比其他组织中的表达量明显高得多时，TSI 是一个接近于 1 的值。通过设定 TSI 的阈值，可以筛选出在少数组织中有表达且表达丰度较高的基因。Pan 等提出了三个量化指标，包括组织特异指标 SPM、散布指标 DPM 和贡献指标 CTM 以识别组织特异基因和组织选择基因[12-13]。其他类似的指标有综合检测置信度和表达丰度的加权指标 FPEI[10]、基于基因表达水平排序的 HKera[14]、基于谱分析的指标[15] 等。由于缺少标准数据集，目前对于这些定义的优劣还难以定量地评估。

4.2 基因组织特异性的检测方法

检测基因的组织特异性是了解基因功能的重要基础。早期，研究人员主要借助于小规模的实验技术，如 RT-PCR 和 Western blot 技术，来进行小范围的基因组织特异性的检测。而近年来，随着高通量实验技术，包括基因芯片、RNA-seq 和质谱技术的发展，人们可以从不同层面、大规模地检测和分析基因的组织特异性。

4.2.1 小规模实验技术

RT-PCR 和 Western blot 等实验技术可用于检测基因的组织表达情况，结果准确性较高，但由于通量限制，往往规模较小。RT-PCR（Reversed Transcript PCR）是一种将 cDNA 合成与 PCR 技术结合分析基因表达的快速灵敏的方法，主要用于对表达信息进行检测或定量分析，还可以用来检测基因表达差异而不必构建 cDNA 文库克隆 cDNA[16]。目前，小规模实验技术的主要用途有：通过考察看家基因在不同组织中的表达均衡性，检验其是否适合作为芯片等实验的内标[17]；大规模组织特异性实验的部分数据验证[18]；评估某种实验技术，如 RNA-seq 中转录本定量的准确性[19]；少数基因的功能研究等[20]。

4.2.2　基因转录组技术

自从转录组技术出现以后，研究人员一直致力于利用该技术寻找人类看家基因和组织特异基因，以了解基因组的结构和生物过程的基本原理。相比小规模实验技术，组织相关的基因表达数据规模较大、易于获取，但受噪声影响较大，结果往往不够准确。

在利用基因芯片技术检测基因组织表达特异性的实验中，Su 等的研究规模最大，应用也最广[21]。他们采用基因芯片检测了 79 个人体组织和 61 个小鼠组织中的基因表达情况，估计约有 6% 的基因是广泛表达的，而每个组织中表达所有基因的 30%~40%。其他的大规模组织特异性研究有 Ge[22] 和 Dezso[8] 等的工作，检测的组织数目分别为 36 和 31。为了充分利用现有组织特异数据集以及对不同实验室获得的芯片数据集进行比较，也有一些团队采用了荟萃分析的研究方法[10, 23-24]。如 Chang 等编辑了来自 104 个基因芯片数据集中 43 个人体正常组织的 1431 个样本，通过基因表达评估方法，筛选出 2064 个看家基因和 2293 个组织选择基因[10]。考虑到样本规模、组织数目、数据质量和筛选标准等诸多因素对最终结果的影响，荟萃分析需要采用非常严格的数据处理方法对原始数据集进行重新处理。理论上，由荟萃分析得到的基因集合相比单一来源的数据集更具有鲁棒性。

近年来，随着下一代测序技术的发展，高通量测序数据被越来越多地用于检测基因的组织特异性，以获得具有更高敏感度的结果[25-27]。在 RNA-seq 实验中，样本的所有 RNA 被随机分段、反转录、连接到转接子、测序，采用 RPKM（Reads Per Kilobase of exon model per Million mapped reads）来估计基因在各组织中的表达量。相比基因芯片技术，RNA-seq 技术的实验可重复性更好，对于基因的低表达和差异表达更敏感，与蛋白质表达水平具有更好的相关性，因此检测结果更加准确，覆盖度更高[28]。Ramskold 等的工作具有一定代表性，他们发现了 7897 个基因在研究的所有 24 个组织中都有表达，占总基因数目的 42%[19]。最近，Uhlen 等通过将在组织和器官水平上的定量转录组学技术与基于组织微阵列检测的免疫组织化学相结合，更是将蛋白质空间定位精度提高至单个细胞水平[29]。他们的研究结果表明，44%的蛋白质编码基因在所有分析的32个组织中都有表达，约有12%的基因仅在一个特定组织中表达且表达水平为其他组织平均表达水平的5倍以上。一个有趣的现象是，他们发现在很多其他文献中描述的组织特异基因实际上在多个组织中都有表达，只是在某一组织中表达水平较高，而在其他组织中表达水平较低而已。

4.2.3 蛋白质检测技术

鉴于转录表达水平与蛋白质表达水平的中度相关（0.3~0.7），研究人员一直试图从蛋白质层面获得蛋白质组织表达谱[30-32]。但受限于质谱检测技术的覆盖度问题，早期研究所能提供的组织表达蛋白质数目较少，定量不够准确[33]。近年来，随着质谱实验技术和数据处理方法的日益完善，测定大规模蛋白质组织表达谱成为可能。2014年，《自然》杂志上连续发布了两个大规模的人类蛋白质组学图谱，使得人们能够直接从蛋白质表达水平研究基因的组织特异性[34-35]。其中，Kim等利用高分辨率的傅里叶变换质谱技术检测了17294个基因（占所有已注释基因的84%）在30个正常的人体组织中的表达，包括17个成人组织、7个胚胎组织和6个基本的造血细胞器[34]。而Wilhelm等通过整合分析ProteomicsDB数据库的多个质谱数据集，将研究规模扩展至92%的已注释基因，揭示了它们在47个组织和体液中的组织表达谱[35]。通过分析大规模蛋白质图谱，Liu等考察了看家基因和组织特异基因的表达特性[36]，发现相比基因表达数据，由蛋白质表达谱数据推断获得的组织特异网络规模更大。

尽管蛋白质组学数据可以直接反映蛋白质在不同组织/细胞系中的表达水平，而且在预测蛋白质相互作用方面比转录组数据更加有效，但仅从大规模数据集出发确定蛋白质的组织特异性存在一定问题。例如，Kim等对由质谱方法发现的32个组织特异蛋白进行Western blot实验验证，结果发现仅有8个蛋白质被证实为组织特异表达，其余的24个蛋白质或者未被检测到，或者在多个组织类型中被检测到[34]。这提示我们，由高通量技术获得的蛋白质组织表达数据存在相当程度的假阳性。

Ezkurdia 等的研究则提示这两个大规模数据集有可能高估了已识别出的基因编码蛋白数目，因此需谨慎使用[37]。

4.2.4　不同检测方法的比较

　　以上三类方法为基因的组织特异性检测提供了多种备选方案。由于检测方法的敏感性不同、特征提取方法的差异以及采样不完整等问题，目前对于看家基因的研究存在着相当程度的假阳性。Zhang 等比较了已发表的 187 个组织和细胞类型中的 15 个看家基因数据集，出乎意料的是，仅有一个基因（Peroxiredoxin 1，PRDX1）出现在全部的 15 个数据集中，17 个基因出现在 14 个数据集中[38]。也就是说，不同研究获得的看家基因之间交集很小。造成这种现象的原因有两个方面：一是不同实验研究的检测技术不一样，数据处理方法也不一样；二是由于组织可能出于各种发育、病理和生理状态，如将看家基因严格地定义为在所有组织类型中都有表达，那么很可能在某些状态的组织或细胞系中无法检测到。因此，开始有更多的研究人员转向支持看家基因的第二种定义方式。

　　类似于看家基因，由不同检测技术获得的组织特异基因数据集间的差别也很大。这是由于目前研究所包含的组织样本类型通常是不完整的，人体中共有 200 个左右的组织和细胞类型，而在一次大规模基因表达实验中研究的组织样本数一般只有几十个，还不到所有组织类型的一半。这很可能导致如下现象的出现：随着研究的组织数目越多，检测到的组织特异基因的数目就越少。也就是说，有些基因并非在一个组织内有表达，只是由于研究的样本组织类型所限，尚未检测到该基因在其他组织中的表达。与之类似，当研究的组织样本数增加时，检测到的看家基因的数目也将减少。

　　表 4-1 给出了近年来有代表性的基因组织特异表达数据集。经比较可以发现，由 RNA-seq 技术获得的看家基因数目最多，这可能是由于 RNA-seq 技术较为敏感，能够检测出基因在组织中的微弱表达；质谱技术检测出来的看家基因和组织特异基因数目较少，一方面的原因是研究中的总基因数目相对较少，另一方面则是质谱方法的检测和定量技术还

不够成熟；基因芯片方法给出的检测结果差别较大，这可能源于基因芯片实验的数据重复性不够好，以及后续处理方法的多样性。

表 4 – 1　基因组织特异性的典型研究

作者	时间	检测技术	组织数	总基因数	看家基因数	特异基因数	参考文献
Jongeneel 等	2005	MPSS	32	18677	4006	4232	[39 – 40]
Zhu 等	2008	EST	18	17288	3140	885	[41]
Su 等	2004	基因芯片	79	22283	1789	1119	[21]
Ge 等	2005	基因芯片	36	22283	7841	2503	[22]
Dezso 等	2008	基因芯片	31	32878	2374	1381	[8]
Ramskold 等	2009	RNA-seq	24	18805	7897	3375	[19]
Eisenberg	2013	RNA-seq	16	34475	5348	3632	[9]
Uhlen 等	2015	RNA-seq 和组织芯片	32	20344	8874	2355	[29]
Kim 等	2014	质谱	30	17294	2350	1537	[34]
Wilhelm 等	2014	质谱	48	18097	6467	–	[35]

4.3　不同组织特异性基因的功能与特性

　　尽管不同的定义方式和检测方法所导致的看家基因（或组织特异基因）的集合不完全一致，但在分析中发现，不同的看家基因数据集（或组织特异基因）却展现出非常一致的功能和特性。换句话说，看家基因和组织特异基因之间的差别是如此之大，以至于它们不会被检测方法的假阳性和假阴性所掩盖。

4.3.1　不同组织特异性基因的功能

看家基因的广泛表达说明它们的产物是所有细胞都需要的，用于保持基本的细胞结构和功能。通常，看家基因用于实现各种组织所需要的重要的生物功能，主要包括如下几类：参与细胞合成的核糖体蛋白，细胞代谢和基因表达必需的酶，能量产生所需的线粒体蛋白，用于保持细胞结构完整性的蛋白。各种研究所得到的结论基本一致，如 Prieto 等对三个不同实验室获得的看家基因数据集进行功能分析，发现它们最为富集的前三项都是蛋白酶体、核糖体和氧化磷酸化[42]。

组织特异的蛋白质与该组织要实现的功能一致，同时反映了不同组织的相似性和特异程度[8]。一般，功能相近的器官间拥有很高比例的共有表达基因。如子宫颈和食道展现出非常相似的基因表达模式，这是由于它们的组织特异基因都与上皮发育相关。而某些实现特殊功能的器官则拥有更高比例的专有表达基因。如胰腺和睾丸特异基因很少在其他组织中有表达，说明它们的功能是这些组织专有的[29]。各个器官通过调整看家基因和组织表达基因的比例来实现各自独特的功能。如扁桃体表现出上皮和免疫组织的混合基因表达模式，说明扁桃体由这两类组织构成。

4.3.2　不同组织特异性基因的特性

为了实现不同的功能，看家基因与组织特异基因在组织表达特性、生物物理属性和网络连接属性上都表现出显著的区别。

作为区分看家基因和组织特异基因的主要特征，看家基因与组织特异基因在组织表达特性上具有明显差异。由于看家基因参与最基本的细胞保持作用，一般认为看家基因在所有的细胞和条件下都保持了常数的表达水平。因此，在多种生物学技术和基因组研究，如 RT-PCR、基因芯片、Northern 分析和 RNase 保护芯片中，看家基因都作为内标使用。很多实验研究证实了这一点，Uhlen 等发现大多数的看家蛋白在人体各组织中的表达水平相似，如细胞核膜蛋白 SUN2[29]。但也有部分看家蛋白质表现出了组织表达的倾向性，如编码线粒体蛋白质的转录本在心肌（占所有转录本的32%）和骨骼肌（占所有转录本的28%）中有较高比例的表达，说明了它们对于横纹肌组织中能量代谢的重要性。因此，并非所有的看家基因都适合作为实验内标，一般在使用前需要进行实验确定。相比之下，组织特异基因在各组织中的表达差异较大，但在同一组织中的特异蛋白往往具有类似的基因表达模式。同时，不管是看家基因还是组织特异基因，在不同物种的同源基因间具有非常相似的表达丰度，如在人和小鼠的肌肉组织内同源基因间的表达相关性为0.76，肝和脑中同源基因间的表达相关性为0.77[19]。

在生物物理属性上，看家蛋白与组织特异蛋白具有显著的差别[43-44]。相比组织特异蛋白，看家蛋白倾向于序列更短[45]、包含更多的短重复序列[46]、包含更少的蛋白质结构域[47]、表现出更低的启动子序列保守性[48]，具有更简单的转录调控和更慢的进化速率[49-50]。也就是说，为了实现细胞内的基本功能，看家基因相比组织特异基因通常在进化上更加保守，具有更加简单的蛋白质结构，以保持其功能的稳定性。基于这些能够指征蛋白质组织特异性的属性，也有一些研究人员利用机器学习方法来构建看家蛋白与组织特异蛋白的分类器[51]。但由于看家蛋白与组织特异蛋白在部分生物物理属性间存在很大程度的交叠[52]，此类方法的预测准确率通常不高。

通过将通路信息与组织特异表达数据相结合构建组织特异的生物网络，可以鉴别看家基因与组织特异蛋白在网络拓扑属性上的差异[5,53]。相比网络中所有节点的拓扑属性分布，看家基因往往具有更高的连接度和更短的蛋白质间通路距离；而相比那些广泛表达的蛋白质，组织特异性越强的蛋白质其相互作用的数目更少，更可能是进化上比较年轻的蛋白质[36]。Zhu等的研究得到了与前人基本一致的结论，他们发现超过一半的中心蛋白属于广泛表达的单元[41]。同时，看家基因与组织特异基因在连接模式上表现出显著的差异[36]。看家基因不仅与看家基因发生相互作用，而且与组织特异基因之间存在广泛的连接；组织特异基因则倾向于与同一组织的特异基因发生相互作用。这些研究成果可以帮助人们理解组织的基本结构，在组织的蛋白质相互作用网络中，看家基因编码蛋白形成了网络的核，而组织特异基因编码蛋白则形成了一个个簇连接在核的周围[54]。

4.3.3 基因组织特异性与疾病的关系

基因的组织特异性与疾病之间具有密切联系，基因在人体内的表达范围和表达丰度决定了当其发生异常时将引起多大范围的身体反应，从而影响了其与疾病的关联程度和成为药物靶标的可能性。

将基因的组织特异性与疾病进行关联研究，有助于发现疾病的致病机理。研究发现，已知的疾病相关基因多为组织特异基因，它们通过在某些组织中过度表达来引发病理状态[55-57]。这说明大部分的疾病具有明显的组织特异性。一个例外情况是癌症。研究表明，大部分的癌基因（约60%）为看家基因，仅有少数癌基因表现出了组织特异性[29]。鉴于大部分的癌基因参与正常的生长调节和细胞周期调控，癌基因表现得缺乏组织特异性并不让人意外。进一步，比较各基因在正常组织和对应癌症细胞系中的表达情况，可用于识别癌症细胞系中的突变基因。研究表明，70%以上在正常细胞中表达的看家基因在癌细胞系中也有表达，且表达水平相当[58]。不同癌细胞系间存在着上百个专有看家基因，即在各癌细胞系中都有表达而在正常细胞中没有表达的基因，它们多与细胞调控相关，实现对抑制增长信息不敏感、抵抗细胞凋亡、持久的血管生成和无限复制潜能等功能。而很多在正常组织中出现的组织特异基因在对应的癌症细胞系中表现为低表达或者完全不表达[29]。这些结果说明癌细胞通常是"不分化的"，即各种癌细胞系通常具有相似的特性，而缺少组织特异的表达特性。这或许可以为不同癌症间的相似性以及癌细胞的转移性提供新的解释。

研究基因的组织特异性对于筛选药物靶标具有一定参考价值。大多数的药物通过作用于靶向蛋白并调节其活性来发挥作用，而靶向蛋白的组织表达特性则决定了药物影响的身体部位。因此，看家基因和组织特异基因在发展成为药物作用靶标的前景上展现出了一定差别。Uhlen 等按照组织特异性对已知的药靶基因进行分类，发现尽管约30%的药靶蛋白是看家基因，但是大部分药靶都表现出了组织倾向性[29]。Dezso 等比较了看家基因和组织特异基因集合中药物靶标的分布情况，发现在组织特异基因中注释为治疗性靶标（即现有药物的直接作用靶点）的蛋白质数量比看家基因中要多一倍（比例分别为3.3%和1.5%）[8]。这一现象在乳腺疾病的相关药靶中尤为突出，治疗性药靶占乳腺和胸腺特异表达蛋白的25%。这提示我们，在大多数的疾病中组织特异蛋白相比看家蛋白更有望发展成为药靶，作用于这些靶点的药物将具有更好的组织作用特异性和更低的毒副作用。表4-2给出了基因组织特异性与疾病相关研究的代表性结果。

表4-2 基因组织特异性和疾病的相关研究成果

作者	时间	检测技术	研究方法	主要结果	参考文献
Ge 等	2005	基因芯片	考察组织特异基因在癌症样本中的表达情况	肝癌样本中肝脏特异基因的表达水平与肿瘤分化程度正相关，组织特异基因可帮助定位转移肿瘤的源头	[22]
Lage 等	2008	基因芯片	比较疾病基因与非疾病基因在组织中的表达情况	疾病基因通常是组织特异的，组织特异基因的选择性过度表达引发疾病	[57]
Dezso 等	2008	基因芯片	比较组织特异基因和看家基因在已知药靶中的分布	组织特异基因成为药靶的几率是看家基因的两倍	[8]
Chen 等	2012	RNA-seq	比较癌症样本看家基因与正常样本的看家基因	癌症看家基因比正常看家基因具有更高的表达水平，AT富集，参与细胞周期调控功能	[58]
Ganegoda 等	2013	基因芯片	利用组织特异的基因网络预测疾病相关基因	组织特异的基因网络相比通用网络能够更好地预测疾病相关基因	[59]
Uhlen 等	2015	RNA-seq 和组织芯片	考察已知药靶和癌基因的组织特异性	大部分的已知药靶具有组织特异性，而癌基因通常不具有组织特异性	[29]

4.4   基因组织特异性研究的主要发现

本章前三节对看家基因和组织特异基因的定义、功能、特性以及与疾病的关联进行了总结和阐释。可以发现，尽管看家基因和组织特异基因的定义和检测方法多种多样，但是对其进行后续分析的结论是一致的，即看家基因和组织特异基因在功能和特性上都具有显著区别。这些区别对于理解器官组成和运行方式以及相关的疾病和药物研究具有一定参考价值。

作为功能基因组研究的一个重要组成部分，近年来关于基因组织特异性的研究层出不穷，这是因为了解基因在哪些组织中有表达对于理解基因如何发挥作用以及基因之间的关系是非常重要的。通过一系列的研究工作，人们对于基因的组织表达情况有了很多新的见解，主要体现在：

（1）基因的表达方式。基因的组织特异性不仅体现在该基因在一个、多个或所有组织中有表达，还体现在它表达的丰度以及与其他组织中表达情况的比较差异。

（2）基因的表达范围。早期研究所揭示的基因在组织中的表达范围是很有限的（约占所有基因的30%），但是随着各种更加敏感的检测方法的出现，人们发现基因在组织中的表达范围比已知的更高（约占所有基因的60%），也就是说基因并非是沉默的大多数，它们在组织中的表达是相当活跃的。

（3）基因的作用方式。看家基因以及看家基因间的相互作用实现了所有组织和细胞都必需的基本功能，而看家基因与其他组织表达基因间的相互作用以及组织特异基因间的相互作用则实现了组织的特有功能。

（4）基因对疾病的影响。基因表达范围和表达丰度的异常改变是造成疾病发生的根本原因，与组织功能相关的组织特异基因表达变化时可能引发局部的组织病变，而当与细胞分裂或损伤修复相关的看家基因表达发生变化时则可能引发致命的癌症。

预期下一步的研究工作将向着标准化、分析更深入、覆盖的组织类型更全面的方向发展，包括：

（1）针对看家基因和组织特异基因提出能够为大家广泛接受的统一定义方式，以方便不同研究之间的比较；

（2）综合比较各种检测方法的优缺点，建立基因组织特异性的标准检测方法，提升检测结果的准确度和敏感性；

（3）对人体内所有的组织器官和细胞系进行系统的采样和定量检测，消除少数组织研究的偏性；

（4）对已确知的看家基因和组织特异基因进行细致的功能分析和机理解释。相关研究的深入必将有助于人们更好地描述个体、组织、器官、细胞各个层面上生命活动的详细图画，揭示生命的奥秘。

4.5　人的大规模组织特异网络的构建与分析

静态相互作用网络描述了蛋白质之间可能发生的物理关联。然而，在某个特定的细胞或组织中，仅有一部分蛋白质能够表达且彼此发生相互作用。通过整合蛋白质相互作用和蛋白表达数据集，可以分析人体中蛋白质表达和物理相互作用之间的交联。基本思想是以静态蛋白质相互作用网络为骨架，根据不同组织中蛋白质的表达水平变化从中搜索特定的子集。其主要目标是建立组织特异的蛋白质相互作用网络，以便了解生物系统的动态[59-61]。

通过分析基因组规模的人类基因表达模式，研究人员已经提出了一系列的方法来识别组织特异基因和广泛表达（看家）基因[62-64]。例如，Dezso 等测量了 31 个人类组织中的全基因组表达数据，识别出在所有组织中表达的 2374 个看家基因以及仅在一个组织中表达的组织特异基因[8]。Lopes 等将大规模蛋白质相互作用网络与 79 个组织中的基因表达谱相结合，以识别组织特异蛋白[65]。他们发现，相比广泛表达蛋白，组织特异蛋白参与更少的相互作用并且倾向于是新近进化的。然而，大部分的组织特异蛋白能够与看家蛋白发生相互作用。该结果被 Zhu 等的研究工作[64]所证实。这些研究表明，看家蛋白和组织特异蛋白在网络属性和功能上存在显著的差异。

　　类似于基因的组织特异性，部分研究人员考察了相互作用的组织特异性[64-65]。如 Lopes 等将来自多个数据库的蛋白质相互作用与 84 个组织中的基因表达数据相结合，建立了组织特异的蛋白质相互作用网络[65]。他们发现，相比原始相互作用网络，组织特异子网包含更少的相互作用（约为原网络的 1%～25%）。这些子网相比原始网络更加松散，与组织具有更强的功能关联性，而且这些相互作用更加可信。另外，将组织特异子网与整体静态网络相比较对于建立高可信度的相互作用网络具有重要作用。

　　然而，这些发现都是基于基因表达数据来构建组织特异网络。随着人类蛋白质图谱[34-35]的发布，有必要在蛋白质表达数据的基础上建立大规模的组织特异网络，并综合分析这些网络的属性和功能。本节首先识别组织特异蛋白和看家蛋白，并分析了它们特有的相互作用模式。其次，集中于相互作用的组织特异性来建立组织特异的相互作用网络。再次，考察由基因表达数据和蛋白质表达数据推断的组织特异网络之间的差异，并分析了不同组织特异网络之间的相似性。最后，计算组织特异网络和静态网络的拓扑属性，以便揭示组织特异网络的结构特点。

4.5.1　蛋白质表达和相互作用数据集

4.5.1.1　人类蛋白质表达数据

　　人的蛋白质表达数据来自 Kim 等报告的数据集，他们利用高分辨率的傅立叶变换质谱仪获得了人类蛋白质组草图[34]。该数据集涵盖了 30 个正常人类组织结构的样本，包括 17 个成人组织、7 个胚胎组织和 6 个初始纯化的造血细胞，共识别 17294 个基因的编码蛋白，约占整个注释人蛋白质编码基因的 84%。

4.5.1.2　大规模的人蛋白质相互作用网络

通过整合多个来源的相互作用数据，本节建立了一个整合的人蛋白质相互作用网络，包括来自文献的数据集[5]和 iRefIndex 数据库[66]。iRefIndex 数据库整合了来自 BIND、BioGRID、CORUM、DIP、HPRD、IntAct、MINT、Mpact、MPPI 和 OPHID 的相互作用。为了确保蛋白质相互作用的可靠性，仅保留那些至少被一个直接实验证据支持的相互作用，以展示两两蛋白质相互作用的物理关联。通过匹配蛋白质标识和删除冗余的相互作用，这里建立了一个相互作用网络，包括 18425 个蛋白质和 193273 对相互作用。

4.5.2　组织特异网络的构建

4.5.2.1　识别组织特异的蛋白质和相互作用

如果一个蛋白质在所有的 30 个组织和细胞系中都有表达，那么它被认为是广泛表达的（看家蛋白）。相应地，组织特异蛋白是那些仅在一个组织或细胞系中表达的蛋白质。在人的蛋白质表达数据的基础上，本节识别出 1537 个组织特异蛋白和 2350 个看家蛋白。通过进一步分析发现，在更多组织/细胞中表达的蛋白质倾向于拥有更高的表达水平（$r = 0.26$, $p = 1.21 \times 10^{-256}$）和更多的相互作用邻居（$r = 0.27$, $p = 6.23 \times 10^{-288}$）。

根据蛋白质的组织特异性，可以定义组织特异相互作用和看家相互作用。理论上，当且仅当两个蛋白质同时在一个组织/细胞中表达，它们的产物能够在特定条件下彼此发生相互作用。因此，网络中相互作用的组织特异性要高于蛋白质的组织特异性。在蛋白质表达数据的基础上，识别出 2585 对组织特异的相互作用和 10509 对看家相互作用。蛋白质/相互作用发生的组织/细胞数目的统计结果如图 4 - 1 所示。

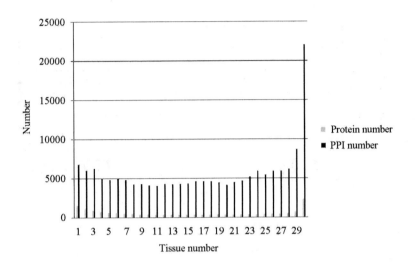

图 4 – 1　在各组织/细胞中蛋白质和相互作用的分布

　　在各组织/细胞中，蛋白质和相互作用的表达分布存在一定差异。图 4 – 1 中，蛋白质的分布存在一个明显的波谷，这说明看家蛋白和组织特异蛋白的数目远高于那些具有 2~29 个组织/细胞表达数的蛋白数目。而相互作用的分布服从单峰模式，看家相互作用的数目远高于那些具有 1~29 个组织/细胞表达数的相互作用数目。该结果表明，看家蛋白倾向于与其他看家蛋白发生相互作用，而组织特异蛋白倾向于与各种各样的蛋白发生相互作用。为说明这一趋势，分别统计具有不同组织表达数的蛋白与看家蛋白和组织特异蛋白发生相互作用的数目（图 4 – 2）。该图进一步验证了看家蛋白和组织特异蛋白具有显著差异的相互作用模式。

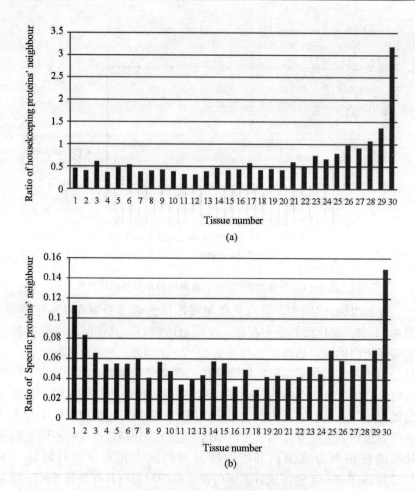

图4-2　看家蛋白和组织特异蛋白质的比例

4.5.2.2　建立组织特异网络

在蛋白质和相互作用的组织特异性基础上，本节由人的蛋白质表达数据建立了30个组织/细胞对应的组织特异网络。作为包含9116个蛋白和71776对相互作用的静态网络的子集，组织特异网络仅含有部分的蛋白质（占全部蛋白质的84.39%～90.26%）和相互作用（占全部相互作用的52.41%～66.51%）。如表4-3所示，组织特异网络占静态网络的比例总体上低于组织特异蛋白占所有蛋白的比例，这说明相互作用比单个蛋白具有更强的组织特异性。由于蛋白质通常是通过彼此相互作用来发挥功能，那么分析组织特异相互作用就比组织特异蛋白更有意义。另外，本小节建立的组织特异网络相比 Lopes 等[65] 报道的网络规模更大。原因可能在于本节使用的人类表达数据具有更高的覆盖度。

表4-3　由蛋白质表达数据推断出的组织特异网络

Tissue/Cell	Number of proteins	Percent of proteins（%）	Number of interactions	Percent of interactions（%）
Fetal Heart	8090	88.75	44459	61.94
Fetal Liver	7880	86.44	40429	56.33
Fetal Gut	8228	90.26	47634	66.36
Fetal Ovary	7915	86.83	40996	57.12
Fetal Testis	8164	89.56	46252	64.44
Fetal Brain	7735	84.85	37619	52.41
Adult Frontal Cortex	8090	88.75	44542	62.06
Adult Spinal Cord	7842	86.02	40524	56.46
Adult Retina	8219	90.16	47737	66.51
Adult Heart	7917	86.85	41183	57.38
Adult Liver	8153	89.44	46197	64.36
Adult Ovary	7746	84.97	37693	52.51
Adult Testis	8095	88.80	44459	61.94
Adult Lung	7789	85.44	40429	56.33
Adult Adrenal	8211	90.07	47634	66.36
Adult Gallbladder	7864	86.27	40996	57.12
Adult Pancreas	8143	89.33	46252	64.44
Adult Kidney	7693	84.39	37619	52.41
Adult Esophagus	8078	88.61	44542	62.06

（续表）

Tissue/Cell	Number of proteins	Percent of proteins（%）	Number of interactions	Percent of interactions（%）
Adult Colon	7834	85.94	40524	56.46
Adult Rectum	8184	89.78	47737	66.51
Adult Urinary Bladder	7875	86.39	41183	57.38
Adult Prostate	8111	88.98	46197	64.36
Placenta	7684	84.29	37693	52.51
B Cells	8053	88.34	44459	61.94
CD4 Cells	7826	85.85	40429	56.33
CD8 Cells	8192	89.86	47634	66.36
NK Cells	7849	86.10	40996	57.12
Monocytes	8107	88.93	46252	64.44
Platelets	7717	84.65	37619	52.41
Static network	9116	100	71776	100

4.5.2.3 比较由蛋白质表达数据和由 mRNA 表达数据推断出的组织特异网络

在蛋白质组规模的蛋白质表达数据产出之前，以往的研究通常由基因表达数据来推断组织特异网络。例如，Bossi 等利用基因表达数据[67]来确定人体中相互作用发生的细胞系和组织[5]。如果两个基因在一个细胞中共表达，那么在某些条件下它们的产物能够在细胞中发生物理相互作用。为了比较这两类不同的数据源，分别由蛋白质表达数据和 mRNA 表达数据出发，提取了 19 个组织/细胞对应的组织特异网络（图 4 – 3）。

如图 4 – 3 所示，相比由 mRNA 表达数据推断出的网络，由蛋白质表达数据推断出的组织特异网络规模更大。而且，两种数据源推断网络的交叠部分仅占蛋白质表达网络的一半左右（34.84%~52.21%）。原因在于基因共表达不一定会导致蛋白质相互作用。由于 mRNA 表达量

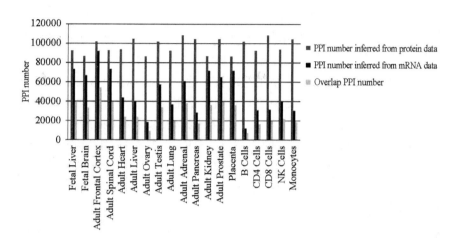

图 4 - 3　比较由蛋白质和 mRNA 表达数据推断出的组织特异网络

是一种度量蛋白质表达的间接方法，因此由蛋白质表达数据推断出的组织特异网络相比 mRNA 表达数据推断出的网络更加可信。这也意味着之前由 mRNA 表达数据得到的生物学发现有必要在蛋白质表达数据的基础上重新检验。

4.5.3　组织特异网络的分析

4.5.3.1　分析组织特异网络之间的交叠

基于已建立的各组织特异网络，本小节统计了不同组织特异网络之间共有相互作用的数目。通过计算共有相互作用占各组织特异网络的比例，能够研究不同组织特异网络间的相似性（见彩插图 4 - 4）。某些组织特异网络展现出了很高的相似性，如胚胎肝脏与胚胎肠胃网络（91.79%），成人视网膜与成人脊髓网络（91.71%），成人结肠与成人直肠网络（91.71%）。总的来说，具有相似功能的组织倾向于包含更多相同的相互作用。与之相反，在胚胎组织和它们对应的成人组织之间仅存在中度的相似性，如胚胎肝脏与成人肝脏网络（85.25%），胚胎心脏与成人心脏网络（72.13%），说明组织特异网络在成长和分化过程中发生了较大的改变。

通过计算共有相互作用占各组织特异网络的平均比例，可度量各个组织/细胞类型的组织特异性程度（图4-5）。结果表明，在所有的组织/细胞中 CD8 细胞具有最弱的组织特异性，它对应的网络与其他组织/细胞网络具有平均最高比例的共有相互作用（81.02%）。血小板细胞具有最强的组织特异性，它对应的网络与其他组织/细胞网络具有平均最低比例的共有相互作用（67.85%）。总的来说，不同组织/细胞之间具有平均较大比例的共有相互作用（67.85%~81.02%），说明尽管不同组织/细胞的功能各异，但是它们通常通过相似的相互作用或作用机制来发挥功能。

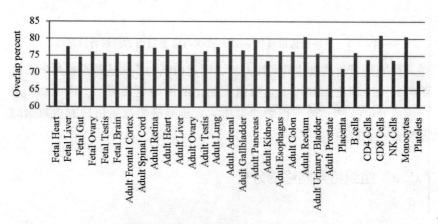

图4-5 不同网络间交叠部分占各组织特异网络的比例

4.5.3.2 分析组织特异网络的拓扑属性

已知大部分的生物网络都具有无尺度、小世界属性和模块性。这里研究组织特异网络的一般拓扑属性，以便揭示它们相对静态网络的特有属性。

本小节考察了5种典型的网络拓扑属性，包括连接度指数、平均连接度、平均路径长度、网络直径和平均聚集系数。在单个节点连接度的基础上，可以定义网络的连接度指数 $P(k)$，它表征了一个节点正好具有 k 个连接的概率。大多数生物网络是无尺度的，即它们的节点分布近似于服从幂律分布，$P(k) \sim k^{-\gamma}$，这里 γ 是连接度指数。对于包含 N 个节点和 L 个连接的无向网络，其平均连接度为 $<k> = 2L/N$。平均路径长度表征了网络中所有节点对之间的平均最短路径，能够度量网络的总体连通性。网络直径是网络内最长的最短路径长度。另外，平均聚集系数表征了网络中节点形成模块或群的总体倾向。平均聚集系数越接近于1，那么该网络就越容易形成模块。

与大多数的生物网络一样，组织特异网络具有无尺度、小世界属性和模块性。然而，相比静态网络，组织特异网络具有更高的连接度指数和平均路径长度、更低的平均连接度和平均聚集系数（图 4-6）。该结果表明，相比静态网络，组织特异网络的内部连接更加松散，中心节点的作用更重要，具有更长的通讯路径和更少的模块。

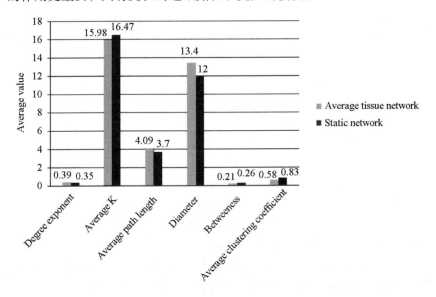

图 4-6　组织特异网络和静态网络的平均拓扑属性

综上所述，本节在人类蛋白质表达数据的基础上建立了 30 个组织特异网络并分析了它们的属性和功能。通过分析组织特异网络，发现看家蛋白和组织特异蛋白具有显著不同的相互作用模式。看家蛋白倾向于与其他看家蛋白发生相互作用，而组织特异蛋白倾向于与各种蛋白发生相互作用。此外，还专门考察了相互作用的组织特异性，它比蛋白质的组织特异性更强。由于蛋白质表达数据的高覆盖度,本节建立了相比以往报道[65]更大规模的组织特异网络。根据不同组织/细胞间的共有相互作用,比较了各组织特异网络之间的相似程度。作为结果,发现具有相似功能的组织倾向于包含更多的共有相互作用,并且组织特异网络在生长和发育过程中发生了很大的改变。进一步,还发现组织特异网络在拓扑属性上有别于静态网络。相比静态网络,组织特异网络中蛋白质之间的相互作用更加松散,具有更少的相互作用邻居。这些发现能够帮助人们理解组织特异网络的功能和结构,揭示生物系统的内在工作机制。

参 考 文 献

[1] Hsiao L L, Dangond F, Yoshida T, et al. A compendium of gene expression in normal human tissues. Physiological Genomics, 2001, 7: 97 - 104.

[2] Tu Z, Wang L, Xu M, et al. Further understanding human disease genes by comparing with housekeeping genes and other genes. BMC Genomics, 2006, 7: 31.

[3] Hwang P I, Wu H B, Wang C D, et al. Tissue-specific gene expression templates for accurate molecular characterization of the normal physiological states of multiple human tissues with implication in development and cancer studies. BMC Genomics, 2011, 12: 439.

[4] Lee S, Jo M, Lee J, et al. Identification of novel universal housekeeping genes by statistical analysis of microarray data. J. Biochem. Mol. Biol., 2007, 40: 226 - 231.

[5] Bossi A, Lehner B. Tissue specificity and the human protein interaction network. Mol. Syst. Biol., 2009, 5: 260

[6] Yanai I, Benjamin H, Shmoish M, et al. Genome-wide midrange transcription profiles reveal expression level relationships in human tissue specification. Bioinformatics, 2005, 21: 650 - 659.

[7] Butte A J, Dzau V J, Glueck S B. Further defining housekeeping, or

"maintenance," genes Focus on "A compendium of gene expression in normal human tissues". Physiological Genomics, 2001, 7 (2): 95 -96.

[8] Dezso Z, Nikolsky Y, Sviridov E, et al. A comprehensive functional analysis of tissue specificity of human gene expression. BMC Biology, 2008, 6:49.

[9] Eisenberg E, Levanon E Y. Human housekeeping genes, revisited. Trends in Genetics, 2013, 29(10):569 -574.

[10] Chang C W, Cheng W C, Chen C R, et al. Identification of human housekeeping genes and tissue-selective genes by microarray meta-analysis. PLoS One, 2011, 6: e22859.

[11] She X, Rohl C A, Castle J C, et al. Definition, conservation and epigenetics of housekeeping and tissue-enriched genes. BMC Genomics, 2009, 10(1):269.

[12] Pan J B, Hu S C, Wang H, et al. PaGeFinder: quantitative identification of spatiotemporal pattern genes. Bioinformatics, 2012, 28(11):1544 -1545.

[13] Pan J B, Hu S C, Shi D, et al. PaGenBase: a pattern gene database for the global and dynamic understanding of gene function. PloS One, 2013, 8(12): e80747.

[14] Chiang A, Shaw G, Hwang M. Partitioning thehuman transcriptome using HKera, a novel classifier of housekeeping and tissue-specific genes. PLoS One, 2013, 8(12): e83040.

[15] Dong B, Zhang P, Chen X, et al. Predicting housekeeping genes based on Fourier analysis. PLoS One, 2011, 6: e21012.

[16] Erickson H S, Alber P S, Gillespie J W, et al. Quantitative RT-PCR gene expression analysis of laser microdissected tissue samples. Nat. Protoc., 2009, 4(6): 902 -922.

[17] Touchberry C D, Wacker M J, Richmond S R, et al. Age-related changes in relative expression of real-Time PCR housekeeping genes in human skeletal muscle. Journal of Biomolecular Techniques,

2006, 17: 157 – 162.

[18] Park S W, Kang S W, Goo T W, et al. Tissue-specific gene expression of silkworm by quantitative real-time RT-PCR. BMB Reports, 2010, 43(7): 480 – 484.

[19] Ramskold D, Wang E T, Burge C B, et al. An abundance of ubiquitously expressed genes revealed by tissue transcriptome sequence data. PLoS Comput. Biol., 2009, 5: e1000598.

[20] Zhang J, Ahn J, Suh Y, et al. Identification of CTLA2A, DEFB29, WFDC15B, SERPINA1F and MUP19 as novel tissue-specific secretory factors in mouse. PLoS One, 2015, 10(5): e0124962.

[21] Su A I, Cooke M P, Ching K A, et al. Large-scale analysis of the human and mouse transcriptomes. Proc. Natl. Acad. Sci. USA, 2002, 99: 4465 – 4470.

[22] Ge X, Yamamoto S, Tsutsumi S, et al. Interpreting expression profiles of cancers by genome-wide survey of breadth of expression in normal tissues. Genomics, 2005, 86: 127 – 141.

[23] Cavalli FM, Bourgon R, Huber W, et al. SpeCond: a method to detect condition-specific gene expression. Genome Biology, 2011, 12:R101.

[24] Xiao S J, Zhang C, Zou Q, et al. TiSGeD: a database for tissue-specific genes. Bioinformatics, 2010, 26(9): 1273 – 1275.

[25] Lee J H, Park I H, Gao Y, et al. A robust approach to identifying tissue-specific gene expression regulatory variants using personalized human induced pluripotent stem cells. PLoS Genet., 2009, 5 (11): e1000718.

[26] Emig D, Albrecht M. Tissue-specific proteins and functional implications. J. Proteome. Res. , 2011, 10(4): 1893 – 1903.

[27] Tong C, Wang X, Yu J, et al. Comprehensive analysis of RNA-seq data reveals the complexity of the transcriptome in Brassica rapa. BMC Genomics, 2013, 14: 689.

[28] Fu X, Fu N, Guo S, et al. Estimating accuracy of RNA-Seq and

microarrays with proteomics. BMC Genomics, 2009, 10: 161

[29] Uhlen M, Fagerberg L, Hallstrom B M, et al. Tissue-based map of the human proteome. Science, 2015, 347(6220): 1260419.

[30] Ghaemmaghami S, Huh W K, Bower K, et al. Global analysis of protein expression in yeast. Nature, 2003, 425:737 - 741.

[31] Griffin T J, Gygi S P, Ideker T, et al. Complementary profiling of gene expression at the transcriptome and proteome levels in Saccharomyces cerevisiae. Mol. Cell Proteomics, 2002, 1:323 - 333.

[32] Kislinger T, Cox B, Kannan A, et al. Global survey of organ and organelle protein expression in mouse: combined proteomic and transcriptomic profiling. Cell, 2006, 125: 173 - 186.

[33] Farrah T, Deutsch E W, Omenn G S, et al. State of the human proteome in 2013 as viewed through PeptideAtlas: comparing the kidney, urine, and plasma proteomes for the biology- and disease-driven Human Proteome Project. J. Proteome. Res., 2014, 13: 60 - 75.

[34] Kim M S, Pinto S M, Getnet D, et al. A draft map of the human proteome. Nature, 2014, 509(7502): 575 - 581.

[35] Wilhelm M, Schlegl J, Hahne H, et al. Mass spectrometry-based draft of the human proteome. Nature, 2014, 509(7502): 582 - 587.

[36] Liu W, Wang J, Wang T, et al. Construction and analyses of human large-scale tissue specific networks. PLoS One, 2014, 9 (12): e115074.

[37] Ezkurdia I, Vazquez J, Valencia A, et al. Analyzing the first drafts of the human proteome. J. Proteome. Res., 2014, 13: 3854 - 3855.

[38] Zhang Y, Li D, Sun B. Do housekeeping genes exist? PLoS One, 2015, 10(5): e0123691.

[39] Jongeneel C V, Delorenzi M, Iseli C, et al. An atlas of human gene expression from massively parallel signature sequencing (MPSS). Genome Research, 2005,15: 1007 - 1014.

[40] Reverter A, Ingham A, Dalrymple B P. Mining tissue specificity,

gene connectivity and disease association to reveal a set of genes that modify the action of disease causing genes. BioData Min., 2008, 1 (1):8.

[41] Zhu J, He F, Song S, et al. How many human genes can be defined as housekeeping with current expression data? BMC Genomics, 2008, 9:172.

[42] Prieto C, Risueñõ A, Fontanillo C, et al. Human gene coexpression landscape: confident network derived from tissue transcriptomic profiles. PLoS One, 2008, 3(12): e3911.

[43] Kouadjo K E, Nishida Y, Cadrin-Girard J F, et al. Housekeeping and tissue-specific genes in mouse tissues. BMC Genomics, 2007, 8: 127.

[44] De Ferrari L, Aitken S. Mining housekeeping genes with a Naive Bayes classifier. BMC Genomics, 2006, 7: 277.

[45] Eisenberg E, Levanon E Y. Human housekeeping genes are compact. Trends Genet., 2003, 19: 362 – 365.

[46] Eller C D, Regelson M, Merriman B, et al. Repetitive sequence environment distinguishes housekeeping genes. Gene, 2007, 390: 153 – 165.

[47] Lehner B, Fraser A G. Protein domains enriched in mammalian tissue specific or widely expressed genes. Trends Genet., 2004, 20: 468 – 472.

[48] Farre D, Bellora N, Mularoni L, et al. Housekeeping genes tend to show reduced upstream sequence conservation. Genome Biol., 2007, 8: R140.

[49] Williams T, Yon J, Huxley C, et al. The mouse surfeit locus contains a very tight cluster of four "housekeeping" genes that is conserved through evolution. Proc. Natl. Acad. Sci. USA, 1988, 85: 3527 – 3530.

[50] Zhang L, Li W H. Mammalian housekeeping genes evolve more slowly than tissue-specific genes. Mol. Biol. Evol., 2004, 21: 236 – 239.

[51] Paik H, Ryu T, Heo H S, et al. Predicting tissue-specific expressions based on sequence Characteristics. BMB Reports, 2011, 44(4): 250 –255.

[52] Shaw G T, Shih E S, Chen C H, et al. Preservation of ranking order in the expression of human housekeeping genes. PLoS One, 2011, 6: e29314.

[53] She X, Rohl C A, Castle J C, et al. Definition, conservation and epigenetics of housekeeping and tissue-enriched genes. BMC Genomics, 2009, 10(1):269.

[54] Lin W, Liu W, Hwang M. Topological and organizational properties of the products of house-keeping and tissue-specific genes in protein-protein interaction networks. BMC Systems Biology, 2009, 3:32.

[55] Winter E E, Goodstadt L, Ponting C P. Elevated rates of protein secretion, evolution, and disease among tissue-specific genes. Genome Res., 2004, 14:54 –61.

[56] Goh K I, Cusick M E, Valle D, et al. The human disease network. Proc. Natl. Acad. Sci. USA, 2007, 104:8685 –8690.

[57] Lage K, Hansen N T, Karlberg E O, et al. A large-scale analysis of tissue-specific pathology and gene expression of human disease genes and complexes. PNAS, 2008, 105(52): 20870 –20875.

[58] Chen M, Xiao J, Zhang Z, et al. Identification of human HK genes and gene expression regulation study in cancer from transcriptomics data analysis. PLoS One, 2013, 8(1): e54082.

[59] Ganegoda G U, Wang J, Wu F, et al. Prediction of disease genes using tissue-specified gene-gene network. BMC Systems Biology, 2014, 8(Suppl 3):S3

[60] Przytycka T M, Singh M, Slonim D K. Toward the dynamic interactome: it's about time. Brief Bioinform, 2010,11(1):15 –29.

[61] Koyutürk M. Algorithmic and analytical methods in network biology. Wiley Interdiscip. Rev. Syst. Biol. Med., 2010, 2(3): 277 –292.

[62] Ideker T, Krogan N J. Differential network biology. Molecular Systems Biology, 2012, 8:565.

［63］ Emig D, Kacprowski T, Albrecht M. Measuring and analyzing tissue specificity of human genes and protein complexes. EURASIP J. Bioinform. Syst. Biol., 2011, 2011(1): 5.

［64］ Zhu W, Yang L, Du Z. MicroRNA regulation and tissue-specific protein interaction network. PLoS One, 2011, 6(9): e25394.

［65］ Lopes T J, Schaefer M, Shoemaker J, Matsuoka Y, Fontaine JF, et al. Tissue-specific subnetworks and characteristics of publicly available human protein interaction databases. Bioinformatics, 2011,27: 2414 –2421.

［66］ Razick S, Magklaras G, Donaldson I M. iRefIndex: a consolidated protein interaction database with provenance. BMC Bioinformatics, 2008, 9: 405.

［67］ Su A I, Wiltshire T, Batalov S, Lapp H, Ching K A, et al. A gene atlas of the mouse and humanprotein-encoding transcriptomes. Proc. Natl. Acad. Sci. USA, 2004, 101:6062 –6067.

第5章 基于生物信息学的药物靶标发现

药物靶标是指体内具有药效功能并能被药物作用的生物大分子，如某些蛋白质和核酸等。靶标基础上的药物开发流程将组织作为一系列基因和通路的集合，目标是发展一种能够影响一个基因或者分子机制（即一个靶标）的药物，治疗疾病引起的缺陷同时尽可能地减少副作用。尽管实验技术取得了很大进步，人们对于生物系统有了更深入的理解，药物发现仍旧是个漫长的过程，新药研发昂贵、困难并且低效。其中，药靶发现是非常重要的一个限速步骤。

药靶筛选和功能研究是发现特异的高效、低毒性药物的前提。如图5-1所示，靶标发现与确证的一般流程是：利用基因组学、蛋白质组学以及生物芯片技术等获取疾病相关的生物分子信息，并进行生物信息学分析；然后对相关的生物分子进行功能研究，以确定候选药物作用靶标；针对候选药物作用靶标，设计小分子化合物，在分子、细胞和整体动物水平上进行药理学研究，验证靶标的有效性。

常见的用于药靶发现的实验方法包括：微生物基因组学、差异蛋白质组学、核磁共振（NMR）技术、细胞芯片技术、RNAi技术、基因转染技术和基因敲除动物等。随着组学数据的积累，仅凭实验方法已经不能满足高通量大规模数据分析的需求。在药物研发过程中，生物信息学方法对于相关数据的存储、分析和处理，以及如何有效地发现和验证新的药靶，发挥了重要的作用。

本章首先介绍可用于药靶发现的数据库资源，包括疾病相关的基因数据库、候选药靶数据库和基因芯片数据库等；其次讨论了基于多种组学数据进行药物靶标发现的生物信息学方法，如基于基因组、基因表达谱、蛋白质组、代谢组的方法以及整合多组学数据的系统生物学方法；

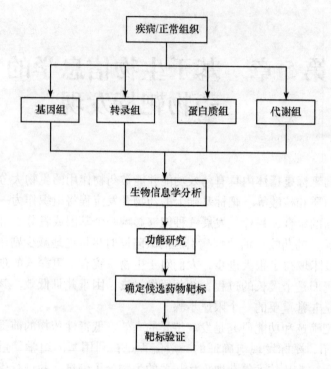

图 5 – 1 药物靶标发现的一般流程

再次描述了生物信息学方法在药物靶标验证方面的应用，主要是预测蛋白可药性以及药物副作用；最后给出了一个应用实例，基于蛋白质的多种物理化学特征和网络属性建立癌基因预测模型，对该方法延伸可以用于药物靶标的预测。

5.1 用于药靶发现的数据库资源

5.1.1 疾病相关的基因数据库

当研究某个基因时，人们最感兴趣的问题之一是：它是否与疾病相关? 有两种方法可以查询这个信息, 一是通过数据库查询基因与疾病的相关性; 二是如果该基因与疾病的关系未知, 可以尝试将基因在染色体上的位置与疾病进行对应。目前, 已有一些数据库存储了与疾病相关的基因信息, 方便研究人员对相关的基因或蛋白质进行查询和比较。

与人类疾病相关的基因以及基因敲除时的异常情况存储在 OMIM（Online Mendelian Inheritance in Man, http：//www. ncbi. nlm. nih. gov/omim/）、LocusLink 和 The Human Gene Mutation 等数据库中。其中, OMIM 是分子遗传学领域最重要的生物信息学数据库之一。该数据库是人类基因和遗传性疾病的电子目录, 提供疾病与基因、文献、序列记录、染色体定位及相关数据库的链接。该数据库可以通过 ENTREZ 进行搜索, 并且利用"limit"选项限制所搜索的染色体或类别等。

其他与疾病相关的基因数据库还有 COSMIC（www. sanger. ac. uk/genetics/CGP/cosmic）、Cancer Gene Census（www. sanger. ac. uk/genetics/CGP/Census）等。COSMIC 数据库存储了癌症相关的候选基因, 提供体内基因敲除信息以及人类癌症的相关细节。Cancer Gene Census 项目对癌症相关的基因进行分类, 这些基因在敲除时与癌症表现出可能的因果关联。而 GeneRif 系统提供与疾病高度相关基因的注释信息[1]。此外, 基因组规模的关联数据库、遗传关联数据库和小鼠基因敲除数据库等也为基因查询提供了丰富的注释信息。

5.1.2 候选药靶数据库

相比疾病相关基因, 已知药物靶标的数目要少得多。通过对已成功应用药物的靶标进行鉴别, TTD（Therapeutic Target Database）数据库提供已知的诊疗目标、疾病条件和对应的药物。DrugBank（www. drugbank. ca）作为一个有用的生物信息资源, 结合了详细的药物数据和综合的药物靶标信息, 提供美国食品与药物协会的研究中正在进行测试的药物和对应的靶标。PDTD（Potential Drug Target Database）通过文献和数据库挖掘的方式, 收集了超过 830 个已知或潜在的药物靶标, 并提供蛋白质结构、相关疾病和生物学功能等信息[2]。

5.1.3 疾病相关的基因芯片数据库

基因芯片数据库是药物靶标发现的重要来源，人们已经建立了一些专门的数据库用于存储疾病相关的基因芯片数据。GEO（Gene Expression Omnibus）作为存储基因芯片的主要数据库资源，包含了丰富的癌症相关的基因芯片数据。当查询"Homo sapiens"和"Cancer"时，返回了 278 个数据集。2003 年 10 月，Daniel 等建立了 ONCOMINE 数据库（http：//www. oncomine. org），专门收集癌症相关的基因芯片数据集，提供在网页基础上的数据挖掘和基因组规模的表达分析。在 ONCOMINE 3 版本中，该数据库包含了 264 个基因表达数据集，超过 2 万个癌症组织和正常组织的样本数据[3]。其他基因芯片数据库包括斯坦福基因芯片数据库（http：//genome-www5. stanford. edu/MicroArray/SMD）、EBI 芯片表达数据库（http：//www. ebi. ac. uk/arrayexpress），以及 MIT 癌症基因组工程（http：//www. broad. mit. edu/cancer/）等，都是药靶发现的重要资源。

5.1.4 其他相关数据库

药物靶标通常具有特定的生物学功能，分析基因的分子类型（如酶）、亚细胞定位（如细胞表面）和生物学通路（如血管新生）对于预测潜在药靶具有重要意义。基因本体论（http：//www. geneontology. org）和京都基因与基因组百科全书数据库（Kyoto Encyclopedia of Genes and Genomes Pathways，KEGG，http：//www. genome. ad. jp/kegg）提供了多个物种中基因的生物学功能、定位和通路信息。同时，有关蛋白质相互作用网络和生物学通路的数据库资源非常丰富，例如 DIP、Reactome、NCI-Nature Pathway Interaction Database、HPRD 和 Biotarca 等，更多的数据库列表可以参考 http：//www. pathguide. org。此外，有些数据库专门存储生物学网络的定量数据，例如 BioModels[4] 和 JWS online[5] 数据库收集了各种化学反应网络的数学模型，并且规模一直在稳步增加。

5.2　用于药靶发现的生物信息学方法

5.2.1　基因组方法

丰富的基因组学数据为药靶发现提供了基础，目前已有多种方法可用于寻找新的药物靶标[6]。其中，最常用的方法是同源搜索，采用序列比对软件寻找候选基因与已知癌症基因之间的序列同源性，如 BLAST 或基于隐马尔科夫的 HMMER 软件包等。然而，新的靶标与已知癌症基因的序列可能并不相似。因此，有必要分析已知药靶中更为普遍的结构特征，如信号肽、跨膜结构域或蛋白激酶域。此类生物信息学工具包括预测信号肽的 SignalP 和预测跨膜结构域的 TMHMM。此外，还可以使用基因预测程序从人类基因组序列中预测新基因，寻找全新的药物靶标，常用的程序是 Genescan 和 Grail。

通过单基因敲除实验能够发现生物体中的必要基因（essential gene）。但以必要基因作为癌症治疗的靶标不仅能杀死癌细胞，对于健康细胞也可能是致命的。因此，大多数以单基因作为靶标的药物治疗是失败的。双基因的合成致死性（synthetic lethal）为抗癌药物的研究提供了新的前景。给定一个癌症相关的基因，如果该基因在癌细胞中功能缺失或者功能降低，那么以它的合成致死对象作为药靶就能构成肿瘤细胞的致死条件，同时降低对健康细胞的损伤。目前，仅在酵母中通过大规模的实验建立了全基因组的合成致死网络。通过同源预测等方法，Conde-Pueyo 等重建了人的基因合成致死网络，为抗癌研究中候选基因靶标的筛选提供依据[7]。

目前已知的单基因病种类较少，仅限于基因组方法得到的药物靶标作用效果往往不够理想。随着后基因组时代的到来，其他组学数据在药物靶标发现中发挥了越来越重要的作用。

5.2.2 基因芯片方法

基因芯片技术将大量（通常每平方厘米点阵密度高于 400）探针分子固定于支持物上与标记的样品分子进行杂交，检测每个探针分子的杂交信号强度，进而获取样品分子的数量和序列信息。由于基因芯片技术的高通量、快速、平行化等特点，使得疾病相关的基因芯片数据资源非常丰富，利用基因芯片数据挖掘潜在药物靶标成为一种重要的途径。例如，在 GEO 数据库的基础上，Hu 等建立了大规模的疾病－药物对应网络，帮助有效地识别药物靶标[8]。

但由于基因芯片本身存在重复性较差和数据质量不高等问题，需要发展多种有效的分析方法，尤其是能够处理多个数据集、对噪声不敏感的统计方法，以提取海量数据中蕴含的有用信息。

5.2.2.1 基于比较基因芯片数据

基因芯片能够一次性地记录疾病状态下成千上万个基因的变化情况。通过比较疾病组与正常组的基因芯片数据，寻找显著差异的基因集合，可用于预测相关的生物标志物或药物靶标。其中，寻找差异表达基因的计算方法很多，最直接的方法是测量变化倍数，即计算两个样本之间同一个基因的表达量之比。尽管变化倍数方法直观有效，但是该方法没有考虑噪声和生物学可变性，尤其是癌症这种本质上多相异质的复杂疾病。因此，更加通用的办法是采用尽可能多的疾病样本进行统计学分析，如 ANOVA 和 T-like 检验等。

进一步，由于单个基因难以检测疾病状态下翻译模型的变化，生物标志物通常包括一组基因，需要一定的聚类方法寻找相关基因的组合。如 GSEA（Gene Set Enrichment Analysis）方法能够评估两种生物学状态下一组基因集合的统计显著性，已广泛地应用于基因芯片数据的分析[9]。

5.2.2.2 多种来源的基因芯片数据的整合

由于单个芯片数据本身存在的噪声及系统偏差，预测结果往往存在误差。因此，最新的研究通过整合不同实验来源的多组基因芯片数据，减少单个芯片实验中的误差影响，寻找更加通用的生物标志物和药物靶标[10-13]。

　　数据整合的目的是将不同来源的芯片数据进行处理，使得相同基因的数据可以相互比较。在预处理过程中，不同的标准化方法会影响不同来源的芯片数据之间的可比性。Autio 等比较了来自五个芯片组的 6926 个基因表达数据，评估五种标准化方法的应用效果。经过研究发现，采用 AGC 方法（Array Generation based gene Centering normalization）先进行样本内标准化再进行样本间的标准化时，能够得到最好的预处理结果，即在数千个样本之间得到可比较的基因表达量[10]。此外，Stafford 等从以下三个方面对八种常用的标准化方法进行比较：敏感性和通用性、功能/生物学解释以及特征选择和分类错误，方便用户挑选合适的标准化方法进行跨实验室、跨平台的基因芯片表达数据的比较[11]。

　　采用一定的统计方法对不同来源的芯片数据进行整合，能够在进行更少实验的情况下更好地利用已有芯片数据，有助于发现多种癌症样本中共同的生物标志物以及某种癌症特异的生物标志物。其中，最简单的方法是 Z 打分归一化。较复杂的方法是提取不同数据集中表达数据的分布特征参数，根据这些特定的参数进行数据集匹配，包括：Distance Weighted Discrimination、Combatting Batch effects、disTran、Median Rank Score、Quantile Discretizing 和 Z 打分变换等。其中，经典的方法是 Daniel 等最早提出的荟萃分析（meta-analysis）方法[12]。利用 ONCOMINE 数据库，他们收集了 40 个独立数据集（超过 3700 个芯片实验），提出了一种独立于单个数据集的统计量 Q-value，寻找多种来源数据集中显著差异表达的基因作为荟萃标志物（Meta-signature）。此后，多基因芯片融合方法得到了普遍关注，各种统计方法被用于发现通用标志物并与荟萃分析方法进行比较。例如，Xu 等收集和整合了 26 个公开发表的癌症数据集，包括 21 个主要的人类癌症类型的 1500 个基因芯片数据，应用 TSPG（Top-Scoring Pair of Groups）分类器和重复随机采样策略，识别通用的癌症标志物[13]。评估结果表明，采用一定的统计方法整合多种芯片数据能够识别出更加稳健的癌症标志物，相比单基因芯片得到的标志物，其将癌症类型与正常组织的区分效果更好。

5.2.3　蛋白质组学方法

通常，功能蛋白的表达异常和调节异常是癌症发生的分子标志，这些决定个体生物性状、代谢特征和病理状况的特殊功能蛋白可以作为潜在的药物靶标。尽管 90% 的已知药靶为蛋白质，但由于数据和技术上的原因，蛋白水平的药物靶标并不如基因、转录水平的研究广泛。近年来，随着更多蛋白质详细数据的获得，在蛋白水平上进行药物靶标的开发和验证成为研究的热点。

5.2.3.1　基于蛋白质的理化特性

在蛋白质的理化属性、序列特征和结构特征上，药靶分子和非药靶分子存在着显著的差异。Bakheet 等的工作具有一定的代表性。他们系统分析了 148 个药靶蛋白质和 3573 个非药靶蛋白质的特性，寻找两者的区别并预测新的潜在药物靶标[14]。人类药物靶标蛋白可以归纳为八个主要属性：高疏水性、长度较长、包含信号肽结构域、不含 PEST 结构域、具有超过两个 N－糖基化的氨基酸、不超过一个 O－糖基化的丝氨酸、低等电点和定位在膜上。以这些特征作为支持向量机的输入，可以在药靶和非药靶类之间达到 96% 的分类准确率，并识别出 668 个具有类似靶标属性的蛋白质。

基于蛋白质的理化特性进行药物靶标预测，有利于发现药物靶标的一般特征，方法直接、简单。但该方法受已知药靶的影响较大，在确认药靶的有效性时还需要引入更多的证据支持。

5.2.3.2　基于蛋白质相互作用的网络特征

癌基因（oncogene）是人类或其他动物细胞（以及致癌病毒）固有的一类基因，又称转化基因，它们一旦活化便能促使人或动物的正常细胞发生癌变。通常，癌基因作为网络的 hub 蛋白参与多种细胞进程，在信号通路中间成为信息交换的焦点。发现新的癌症相关基因是癌症研究的主要目标之一，也是发现潜在药靶的基础。人类基因组规模的蛋白质相互作用数据的快速积累为研究癌基因在细胞网络中的拓扑属性提供了条件。

在蛋白质相互作用网络的基础上，Xu 等提取了节点的五个网络特征，包括连接度、1N 指数、2N 指数、与致病基因的平均距离以及正拓扑相关系数（positive topology coefficient），采用 KNN 方法比较疾病相关基因和对照基因在网络特征上的区别[15]。研究结果证实：疾病相关基因具有更高的连接度，更倾向与其他的致病基因发生相互作用，而且致病基因之间的平均距离明显低于非致病基因。Ostlund 等通过筛选与已知癌基因高度连接的基因，得到了一个由 1891 个基因组成的集合[16]。通过交叉验证、分析功能注释偏性和癌症组织中的表达差异进行方法验证，提供了一个较为可信的癌症相关的候选基因列表。该基因列表的规模是已知癌基因数目的两倍以上，对于生物标志物和药靶发现具有一定的提示作用。进一步，Li 等通过整合多种数据源识别癌基因，包括网络特征、蛋白质的结构域组成和功能注释信息等[17]。这些研究表明：根据蛋白质在相互作用网络中的特征，能有效地提示大量的潜在药物靶标，并且方便与其他方法相结合。同时，蛋白质复合物的拓扑属性和模块性也可用于药靶筛选。不同于一般的二元蛋白质相互作用，复合物更接近于细胞内的真实状态。在复合物内部，多肽之间相互连接成为不同的核，其他蛋白质与核发生相互作用形成各种模块。

蛋白质相互作用网络体现了蛋白质组的系统水平描述，对于建模复杂的生物系统具有非常重要的作用。有关蛋白质相互作用的知识可以使人们在分子水平上更好地理解信号转导的生理学活动，以及由于通路的交叠部分异常造成的多种疾病。

5.2.3.3　比较蛋白质组方法

蛋白质组学是研究特定时空条件下细胞、组织等所含蛋白表达谱的有效手段，也是寻找癌症分子标记和药物靶标的重要方法。相关的蛋白质组学技术包括免疫亲和纯化（affinity purification）、蛋白质活性表达谱（activity-based profiling）和蛋白质芯片等，识别与某一特定疾病或者病理条件相关的蛋白质。

基于蛋白质组学研究药靶通常采用比较蛋白质组分析方法，例如稳定同位素差异标记、ICAT（Isotope-Coded Affinity Tag）或 iTRAQ 技术，能够较为精确地定量蛋白质丰度的变化。通过比较癌症人群与正常人群在对应病理组织/器官内蛋白质的差别，挖掘潜在的药物靶标。例如，Hu 等采用二维液相色谱串联质谱法（2D-LC-MS/MS）比较肺癌患者与正常人的血清蛋白差异，经过蛋白质鉴定和定量分析，发现了 2078 个蛋白质可能存在差异，进而挑选出 Tenascin-XB（TNXB）作为候选的生物标志物用于预测肺癌的早期转移[18]。此外，如果不能直接找到对应的活性小分子，也可以通过比较疾病样本和正常样本中蛋白质的表达差异，鉴别发生异常的生物学通路[19]。采用总体的蛋白质谱方法（如MudPIT）获取充足的信息，发现与特定表型相关的蛋白质和通路。定位到相应的生物学通路之后，再从中确定药物靶标。

随着人类蛋白质组计划的推进，蛋白质组技术的发展为系统地、规模化地寻找蛋白质药靶和蛋白质药物提供了有力的武器。但由于现有数据的规模和质量问题，以及分析方法的限制，采用蛋白质组学方法发现的药物靶标还没有人们预想的多，有着广阔的发展空间。

5.2.4 代谢组方法

代谢组学是生物体内小分子代谢物的总和，所有对生物体的影响均可反映在代谢组水平。代谢组放大了蛋白质组的变化，更接近于组织的表型。代谢途径的异常变化反映了生命活动的异常，因此定量描述生物体内代谢物动态的多参数变化可揭示疾病的发病机制。通常，代谢组学的实验技术包括核磁共振、质谱、色谱等，其中核磁共振技术是最主要的分析工具，其次是液相色谱–质谱联用（LC/MS）和气相色谱–质谱联用（GC/MS）。通过 GC/MS 技术解析出代谢物的质谱图，将其与现有数据库进行比较，可以鉴定该代谢化合物。由于缺少标准的代谢物数据库，该方法的鉴定结果有限。采用生物信息学方法对代谢组数据进行分析和处理，比较正常组和模型组的区别，可以帮助药靶发现以及药效评估。如 Pohjanen 等提出了一种名为统计多变量代谢谱（Statistical Multivariate Metabolite Profiling）的策略，在代谢 GC/MS 数据的基础上辅助药靶模式发现和机制解释[20]。

同时，代谢组学对于生物标志物发现、药物作用模式和药物毒性研究具有重要作用。在酶网络的基础上，Sridhar 等发展了一种分支定界（branch and bound）方法，命名为 OPMET，寻找优化的酶组合（即药物靶标），用于抑制给定的目标化合物并减少副作用[21]。类似地，通过提取代谢系统的特征，Li 等采用整数线性规划模型在整个代谢网络范围内寻找能够阻止目标化合物合成的酶集合，并尽可能地消除对非目标化合物的影响[22]。

5.2.5　整合多组学数据的系统生物学方法

系统生物学将基因组、蛋白质组和代谢组等不同组学的数据进行整合，研究在基因、mRNA、蛋白质和生物小分子水平上系统的生物学功能和作用机制。对于疾病的发生和发展提供了更好的理解，同时有助于识别药物的作用和毒性、模拟药物作用的过程、发现特异的药物作用靶标。

5.2.5.1　文本挖掘方法

由于人类疾病背后的生物机制相当复杂，在药靶发现中最重要的任务不仅是要挑选和优化可靠的作用靶点，而且要理解在疾病表型下隐含的分子相互作用，提供可预测的模型并建立人类疾病的生物网络。因此，需要广泛地收集和过滤现有的各个层面的异质数据和信息。目前，最流行的生物医学文献数据库 MEDLINE/PubMed 收录了从 1970 年开始的超过 1800 万篇文献的摘要，并且每月还会新增超过 6 万篇的摘要。据估计，存储化学、基因组、蛋白质组和代谢组数据的数据库规模每两年就会翻一倍。如此丰富的生物数据和信息为药靶发现提供了巨大的新机遇。

尽管分子生物学和医学研究中数据库的重要性日益增长，绝大部分的科学论文并非存在于结构化的数据库条目中。这些知识必然无法为计算机程序所理解，甚至对于人来说都是难以发现的。文本挖掘方法是机器学习和自然语言处理方面的计算方法，能够有效地用于数据挖掘和知识理解，从海量的医学文献中挖掘与药靶发现相关的有用知识[23]。其主要内容包括：识别生物学实体，包括基因、基因产物、通路和疾病；

提取蛋白质相互作用关系，并以网络图形化表示；抽提出特定细胞类型中相关的生物学通路，以及计算机仿真所需的动力学参数；建立存储这些抽提信息的数据库。目前，生物知识的文本挖掘方法主要采用实体的共出现分析和自然语言处理，已成功地用于疾病相关的网络重建以及生物数据分析，常用软件包括 Protein Corral 和 EBIMed。此外，更复杂的文本挖掘方法可以从文献中抽提详细的相互作用注释信息，如 Wang 等发展了一种 CMW（Correlated Method-Word）模型从文本中提取蛋白质相互作用的检测信息[24]。

5.2.5.2　通路建模与仿真

药物作用是一个复杂的动态过程，如果不能找到合适的方法就很难确认药物的有效性。例如，在药物开发过程中常用的手段之一是基因敲除实验，其作用方式与在特定酶上的竞争抑制过程完全不同。在基因敲除过程中，给定的通路可能被完全关闭，也可能由于系统的自身补偿作用而只有部分的影响。在此基础上设计的靶向药物可能存在效率较低的问题。因此，为了使药物开发过程更贴近真实情况，有必要将定量的建模方法引入药物研究领域，精确地模拟药物与靶标相互作用进而发挥药效的过程，发现更加有效的药物作用靶点。

随着实验技术的发展、数据的累积和文本挖掘的开展，生物通路的建模方法得到了快速的发展和应用。其中，最常用的建模方法是确定性生化反应描述，已成功地用于药物代谢动力学和药剂反应建模。确定性反应的缺点在于缺乏可伸缩性。通常，基因组和蛋白质组方法要处理数十甚至数百个分子之间的信号网络，反应参数的范围可能包含多个跨度，超出了确定性方法的处理能力。最新出现的方法，如结合反应和线性规划可以满足这种需求，批量地处理大规模的复杂化学反应网络。进一步，随机方法能够从根本上克服确定性方法的限制。它们是高度可伸缩性的，同时易于模拟。然而，面对复杂的非线性动态问题，随机方法也存在很大的难度，还有待进一步探索。

近年来，用于描述反应动力学网络的数学模型被证明可以有效地预测生物体对于环境刺激和外界扰动的响应，识别可能的药物靶标[25]。一种系统的药物设计方法是：在网络中模拟单个反应的抑制过程，量化在指定观察量上的作用效果。在代谢网络中，观察量一般是稳态值；在信号级联模型中，观察量包括浓度、特征时间、信号持续时间和信号幅值等。Schulz 等在系统生物学建模语言（SBML）的基础上开发了一款名为 TIde 的工具，采用普通微分方程对系统进行模拟，研究在网络中不同位置进行激活和抑制处理时系统的响应[26]。通过模拟不同的抑制目标、类型和抑制剂浓度，确定一个或多个优化的药物靶标，在尽可能少的抑制剂数目下以较低的浓度使指定的观察量达到期望值。此类药物作用模型的建立和模拟有助于理解药物的作用机制，预测药效发挥过程中可能存在的问题，进而为实验设计提供辅助作用。

5.2.5.3 多组学数据的综合应用

系统生物学的优势在于整合，即综合利用基因组学、转录组学、蛋白质组学和代谢组学研究药物对系统的影响，提示可能的作用靶点。例如，Chu 等根据大规模实验及相关数据库建立了整合的蛋白质相互作用数据集，采用非线性随机模型、最大似然参数估计和 Akaike 信息准则（Akaike Information Criteria，AIC）方法，通过基因芯片数据估计疾病状态和正常状态下的蛋白质相互作用网络差异，识别受到扰动的枢纽蛋白节点，发现候选的药物靶标[27]。除将转录组和蛋白质组数据结合之外，基因组与转录组、基因组与蛋白质组甚至更多组学数据的整合研究也在进行中。

整合研究的关键是以生物网络为中心加深对整个系统的理解。疾病是一个非常复杂的生理和病理过程，涉及多基因、多通路、多途径的分子相互作用的过程，这种网络化的特点对于药靶筛选至关重要。系统生物学为药物开发过程提供了全新的视野，将蛋白质靶标置于其内在的生理环境中，在提供网络化的整体性视角的同时不会丧失关键的分子作用细节。鉴于生物网络具有一定的冗余性和多样性，包括一定的反馈回路和故障安全（fail-safe）机制，因此，筛选潜在药靶时要考虑到其在网络中的位置，优先挑选那些处于枢纽位置发挥重要作用的靶点，并且避免反馈回路对药效进行补偿[28]。

同时，疾病相关网络的内部高连接度表明，基于网络的诊疗方法应以整个通路作为靶标，而不是单个蛋白质。最终的目标不仅是识别一组能够共同发挥作用的药物，而且发现一组靶标或模块的组合，它们在不同的治疗位置发挥作用并最后集中到一个特定的通路位点。尽管看起来这是一个几乎不可能实现的任务，但是在乳腺癌转移上的实验已经证明了基于通路知识进行多靶点联合治疗的有效性[29]。

5.3 潜在药靶的生物信息学验证

在大量的潜在药靶被揭示之后，在此基础上可以寻找针对性的抑制小分子，进行后续的动物实验、临床测试等一系列药物开发过程。由于药物开发的难度较大、周期很长，在前期对候选药靶进行充分的筛选和验证显得非常必要。生物信息学方法在对候选药靶进行功能分析、预测其可药性并降低药物副作用方面也有重要的应用。

5.3.1 蛋白质的可药性

随着超过上百个真核和原核生物的基因组被完整测序，人们有机会对基因进行大规模的分析和筛选。据估计，整个人类基因组中约有10%与疾病相关，从而导致约3000个潜在的药物靶标。同时，还有成千上万个来自微生物和寄生生物的蛋白质，可以作为传染病治疗的药靶。目前，在所有的人类基因产物中仅有2%（260~400）成功地发展为小分子药物的靶标。从大量的潜在靶标中挖掘能够被疾病修饰的可药部分是药物靶标验证的重要环节。

根据基因组信息和蛋白质结构特征，人们开发了一系列生物信息学方法预测潜在靶标的可药性。评估蛋白质可药性的第一步是识别在蛋白质表面的所有可能的结合位点，进而寻找真实的配体可结合位点[30]。其计算方法主要分为两类：基于几何的方法和基于能量的方法。几何基础上的方法利用了这样一个事实：天然的配体结合位点在蛋白质表面倾向于内部凹陷，例如 SURFNET、LIGSITE、SPROPOS、CAST、PASS 和 Flood-fill 方法。而能量基础上的方法将多种物理指标综合到 pocket 识别过程，试图计算其结合能，如 GRID、vdW-FFT、DrugSite 和 Computaional solvent mapping。在排序过程中，这些方法都能够给予真实的配体结合位点以较高的打分，证实了其有效性。第二步是评估结合位点能否高亲和性、特异地与小分子药物结合。定量评估给定位点可药性的计算工具较少，最直接的评估蛋白质可药性的方法是根据生物化学谱实际测量小分子击中目标的数目和类型，如 NMR 谱图。

此外，由于大部分的蛋白质是通过与其他蛋白质相互作用发挥生物学功能，蛋白质相互作用在组织的各种细胞过程中发挥了基础和关键作用，被认为是一种富于挑战的同时又充满吸引力的小分子药物作用的新型靶标。类似于单个蛋白质的可药性，人们提出了多种方法预测蛋白质相互作用的可药性[31-32]。2007 年，Sugaya 等从三个方面评估蛋白质相互作用的可药性：蛋白质相互作用中包含的结构域对、蛋白质与小分子药物的结合位点、GO 功能注释的相似性打分[31]。最近，Sugaya 等使用结构、药物和化学以及功能相关的 69 个特征作为支持向量机的输入，判断 1295 对已知结构的蛋白质相互作用的可药性，在标准的相互作用数据集中得到了 81% 的预测准确率，其中区分度最大的特征是相互作用蛋白质的数目和通路数目[32]。

5.3.2　药物的副作用

多组学数据的大量累积为药物研究提供了发展机遇，人们开发了多种方法用于发现潜在的药物靶标，但是最终找到合适的药物作用靶标并成功地进行临床应用并非易事。筛选药物作用靶标通常需要考虑两个方面的情况：首先是靶标的有效性，即靶标与疾病确实相关，通过调节靶标的生理活性能够有效地改善疾病症状；其次是靶标的副作用，如果对靶标的生理活性的调节不可避免地产生严重的副作用，那么将其选作药物作用靶标也是不合适的。

药靶和药物代谢酶的多态性是造成药物疗效差异和毒副作用的主要原因之一。药物反应个体差异与个体的基因多态性，特别是与单核苷酸多态性（Single Nucleotide Polymorphism，SNP）密切相关。SNP 主要是指在基因组水平上由单个核苷酸的变异所引起的 DNA 序列多态性。SNP 在人类基因组中广泛存在，平均每 500～1000 个碱基对中就有 1

个，估计其总数可达 300 万个甚至更多。事先确定药物靶标的基因多态性，就可以估计药物适用的人群，进行个性化的医疗，增加疗效并降低毒副作用。目前，随着快速、规模化技术的发展，大量的 SNP 已经被揭示，为相关研究提供了基础。而生物信息学方法可以帮助阐释 SNP 与疾病治疗之间的关系，发现疾病易感基因和潜在药物靶标，评估药物疗效和毒副作用。以乳腺癌为模型，Wiechec 等报道 SNP 基因型会影响 DNA 修复基因的转录活性和药物代谢过程，从而影响到临床的治疗毒性和效果[33]。

进一步，在生物网络基础上综合评估药物作用的多种影响，也有助于建立增加药物疗效、降低副作用的有效方法。在蛋白质－药物相互作用网络的基础上，Xie 等介绍了一种新的计算策略识别基因组规模的蛋白质－受体结合谱，用于阐释 CETP 抑制剂的药物作用机制[34]。通过将药物靶标与生物学通路相关联，揭示了 CETP 抑制剂的副作用受多个交联通路的联合控制，给出了降低此类药物副作用的可能方法。

5.4 采用生物信息学方法预测药物靶标的优势

随着大规模组学数据的积累，仅凭实验方法已经不能满足数据分析和药靶发现的需求，有必要发展有效的生物信息学方法存储、分析、处理和整合多组学数据，提高药靶发现和验证的效率。目前，生物信息学方法已成功地运用于药靶发现的各个环节，对于存储疾病相关的医学数据、发现大量潜在的药物靶标、揭示药物作用机理、评估作用靶点的可药性等方面做出了重要贡献，有利于设计更加有针对性的生物学实验，促进现代新药开发进程。

相比其他方法，采用生物信息学预测潜在药物靶标的优势在于：

（1）不局限于特定的技术或某种类型的信息，尤其适合将不同的数据整合到一个大的体系中评估潜在药靶的表现；

（2）以网络为基础的药靶发现平台有利于从整体角度进行药靶筛选并发现联合靶标；

（3）随着动态的详细的生物学时空数据的累积，有可能在计算机中精确地模拟药物针对靶标作用的过程以及对整个系统产生的影响，从而大大提高药物开发的效率。

生物信息学方法在药物靶标发现的应用还刚刚起步，有赖于生物学理论、实验技术、统计分析和建模方法等多方面的进一步发展，从而在后基因组时代的疾病诊断、预后和个性化医疗中发挥更加重要的作用。

5.5　基于蛋白质的多种属性预测潜在的癌基因

癌症是一种非常复杂的遗传学疾病[35]。识别重要的癌基因可以帮助医生诊断并延长患者的生存时间[36]。预计有 5%~10% 的人类基因可能与癌症相关，然而目前由实验方法获得的癌基因仅占人类基因组的 1% 左右[37]。

传统的实验方法通过关联研究来发现癌基因，不仅费时费力，而且容易出现误读[38]。随着大量的基因组序列和蛋白质组学数据的产出，生物信息学方法已成功地用于潜在癌基因的识别，显著降低了用于进一步测试的候选基因数量[39]。在功能注释、序列特征或网络特征基础上的生物信息学方法为加快癌基因的发现提供了强有力的工具[40-44]。例如，Furney 等发现癌基因具有一些通用的结构、功能和进化属性，并利用这些属性来预测新的癌基因[40]。Ostlund 等提出了一种名叫 MaxLink 的搜索算法，利用与已知癌基因的连接度来发现候选的癌基因[41]。Li 等整合了网络和功能属性来识别癌基因[42]。

随着各种组学数据的积累，有可能收集、排列和整合多种生物学证据来建立分类器，以便越来越可靠地预测新的癌基因。首先，本节系统地考察了大量的蛋白质序列、功能注释和相互作用网络特征，并分析了它们在癌基因预测中的作用。然后，在四种机器学习方法的基础上建立了可靠的癌基因与非癌基因的分类器。接着，采用交叉验证对模型的效果进行评估。最后，将该分类器模型用于基因组数据库，以预测新的癌基因。

5.5.1 癌基因和相互作用数据集

5.5.1.1 人的蛋白质相互作用数据集

人类蛋白质相互作用数据来自于数据库 OPHID (the Online Predicted Human Interaction Database)[45]。从 BIND[46]，HPRD[47] 和 MINT[48]数据库中挑选由文献挖掘获得的蛋白质相互作用。这些相互作用均来源于实验，排除了生物信息学的预测结果。将该数据集与文献报道的人类信号转导网络数据[49]进行整合，最终获得了一个含有 10016 个非冗余蛋白和 47757 对相互作用的数据集。

5.5.1.2 训练数据集

已知的癌基因数据集来自 Cancer Gene Census[36]、OMIM (Online Mendelian Inheritance in Man)[50]、NCG (Network for Cancer genes)[51]、COSMIC 数据库和文献报道的候选癌基因列表[41]，如表 5 – 1 所示。通过搜索 OMIM 数据库中基因的注释信息，将基因注释与特定的词汇进行匹配，获得了一组与癌症相关基因的列表。COSMIC 数据库含有肿瘤样本的大规模基因测序结果以及大量基因缺失的实验结果，为癌基因识别提供了重要信息。其中，部分基因的 100% 缺失会导致癌症发生，可认为它们是癌症相关基因。经过去冗余，可得到一个包括 2104 个癌基因的整合数据集，它们组成了阳性训练集。

表 5 – 1　癌基因数据集

数据源	数目
Cancer Gene Census[36]	474
Subset of OMIM[50]	329
NCG[51]	1494
Previous resource[41]	812
COSMIC	218
总体	2104

目前，尚不存在经过验证的非癌基因的数据集。因此，按如下步骤建立了一个推断的非癌基因集合：首先，排除注释为必要基因的 Entrez 基因[52]，据报道，必要基因与疾病基因和非必要基因的拓扑属性都具有显著差异[53]，不适合作为候选的非癌基因；然后，去除 OMIM 数据库中的疾病基因，将剩余的基因作为对照基因集合；最后，为了保证对照集与阳性集的规模相当，随机选取与阳性集规模一致的对照基因作为阴性数据集。最终的训练数据集包括一个经采样获得的代表性阴性数据库（对照集合）和固定的阳性癌症数据集（癌基因集合）。

5.5.2　蛋白质的生物学特征提取

本小节在网络特征、序列特征和功能注释信息的基础上，发展了一套用于鉴别癌基因和非癌基因的分析流程。通过分析癌基因和非癌基因在各种特征上的差别，提取了一系列有效的生物学特征。

5.5.2.1　网络特征

对于蛋白质相互作用网络中的单个节点 i，定义五种指标来表征它的拓扑属性，分别为连接度（degree）、1N 指标（1N index）、2N 指标（2N index）、与癌基因的最短距离（shortest distance to cancer genes）和聚集系数（clustering coefficient）。连接度定义为与节点 i 具有相互作用的蛋白质的数目，它是应用最为广泛的网络属性。1N 指标和 2N 指标定义为基因 i 的邻居和邻居的邻居中癌基因的比例[54]。与癌基因的最短距离表征了网络中节点 i 与癌基因之间的通讯效率，该指标越小，说明节点 i 与癌基因之间的传导路径越短。

五种指标在癌基因和非癌基因之间的区别见表 5－2。在蛋白质相互作用网络中，癌基因的平均连接度明显高于非癌基因的平均连接度，这与以前的报道一致，即疾病相关基因往往具有更高的连接度[54]。同时，癌基因的 1N 指标和 2N 指标也显著高于非癌基因，说明相比非癌基因，癌基因的邻居更倾向于是癌基因，这与以前关于疾病基因的报道一致[54]。在对照集合中，基因与已知癌基因之间的最短距离要明显高于阳性集中基因与已知癌基因之间的最短距离，说明在蛋白质相互作用网络中，癌基因之间的通讯效率更高。在癌基因和非癌基因数据集中，基因的聚集系数没有明显的差别。

表 5 - 2　癌基因与非癌基因的网络拓扑属性

网络指标*	癌基因集合	对照集	p 值
连接度	18.297	7.774	8.61×10^{-27}
1N 指标	0.354	0.242	4.85×10^{-26}
2N 指标	0.343	0.234	3.23×10^{-113}
与癌基因的最短路径	1.368	1.804	1.64×10^{-15}
聚集系数	0.124	0.123	0.966

注：* 表中所有的值都是均值。

5.5.2.2　序列特征

根据阳性集和阴性集中基因对应蛋白质的一级序列，可提取它们的主要序列特征。通过对序列中各氨基酸残基对应的疏水性指标[55]进行加合平均，可以计算出蛋白质的疏水性。另外，还统计了蛋白质中每个氨基酸的出现频率，它定义为某一氨基酸的数目与蛋白质长度的比值。根据氨基酸的物理化学属性，可以分为微小、小、非极性、极性、带电和基本氨基酸等[56]。利用 Pepstats 程序（http://emboss.bioinformatics.nl/cgi-bin/emboss/pepstats），共提取了蛋白质的 44 个序列特征，包括疏水性（hydrophobicity）、分子量（molecular weight）、残基数（number of residues）、等电点（pI）和氨基酸使用频率（amino acid frequencies）等。

通过比较发现，19 个序列特征在癌基因和非癌基因之间表现出显著的差异（$p < 0.05$），前三个是残基数、分子量和 A280 分子消失系数。癌基因对应的蛋白质往往比非癌基因对应的蛋白质更长，其平均残基数分别为 868 和 559，这一发现与癌基因的相关报道一致[39]。相应地，癌基因对应蛋白质的分子量（96517Da）要显著高于非癌基因对应的蛋白质（66255Da）（$p = 9.11 \times 10^{-30}$）。在癌基因和非癌基因数据集中，各氨基酸的使用频率如图 5 - 2 所示。其中，残基 Asn 和 Leu 在两

个数据集中使用频率的差异最为显著（p 值分别为 9.70×10^{-8} 和 5.76×10^{-5}）。相对非癌基因，癌基因对应的蛋白质倾向于拥有更多的极性氨基酸，这与药物靶标蛋白的属性类似[24]。总体上，癌基因对应的蛋白质序列含有更高比例的极性氨基酸和小氨基酸，更低比例的非极性氨基酸、脂肪类氨基酸和基本氨基酸。

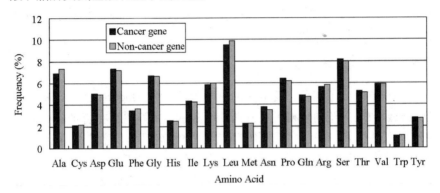

图 5 - 2　癌基因和非癌基因对应蛋白质序列中的氨基酸使用频数

5.5.2.3　功能注释信息

采用 GO 注释[57] 获取癌基因和非癌基因对应蛋白质的功能属性。GO 注释提供了一种描述基因产物功能的标准化词汇，包括生物学通路、分子功能和亚细胞定位三个大的类别。另外，还提取了 Swiss-Prot 数据库中蛋白质的注释信息，包括 UP_SEQ_FEATURE 和 SP_PIR_KEYWORDS。

利用工具 DAVID[58]，提取阳性数据集和阴性数据集中基因产物的 GO 注释和 Swiss-Prot 的功能注释条目，并测试它们的显著性。同时，对于每个条目，计算它们对应的蛋白质数目。当限定 $p < 0.001$ 且蛋白质数目 >300，可获得 32 个与癌症相关的注释条目。其中，部分条目的显著性较高（$p < 10^{-10}$），如序列可变性（sequence variant）、疾病缺失（disease mutation）、磷酸化蛋白（phosphoprotein）和可变剪切（alternative splicing），这与人们对于癌症过程的已有知识相符。

5.5.3 癌基因分类模型构建与评估

利用四种机器学习方法构建分类器模型，包括 logistic 回归、支持向量机、贝叶斯分类器和 J48 决策树，并采用交叉验证来评估分类器的性能。最后，将 logistic 回归基础上的分类器用于 Entrez 数据库中的基因，发现了大量的潜在癌基因。

5.5.3.1 机器学习方法

本小节研究了四种广泛应用的机器学习方法：logistic 回归、基于多项式核函数的支持向量机、贝叶斯网络和 J48 决策树，在特征选择的基础上，使用 WEKA 软件[59]来构建能够区分癌基因与非癌基因的分类器。在分类之前，需要对特征向量进行标准化处理，对于单个特征，标准化公式为（X-Min）/（Max-Min），其中 X 是特征的原始取值，Min 和 Max 表示在训练数据集中 X 的最小值和最大值，经标准化之后，所有的特征转换为 0 到 1 之间的数值。

利用 5 倍交叉验证评估分类器的性能。在测试过程中，轮流选取阳性集和阴性集中 20% 的基因作为测试集，其他部分作为训练集来构建分类器用于预测测试集中基因的分类。分类器的性能可以用 ROC 曲线来衡量，即不同阈值下真阳性率与假阳性率的变化曲线[60]。ROC 曲线下面积（the Area Under ROC Curve，AUC）表征了分类器的整体性能，曲线下面积越接近于 1，说明该测试的分类效果越好。

5.5.3.2 计算所有特征的 F 值

基于标准的癌基因与非癌基因集合，共检测到 55 个具有显著差异的特征，包括 4 个网络特征、19 个序列特征和 32 个功能注释条目。下面计算所有特征的 F 打分，以评估它们的区分能力。

这里利用一种简单的特征选取方法，即 F 打分，来衡量单个特征的区分能力。特征 i 的 F 打分定义为：

$$F_i = \frac{(\bar{x}_i^{(+)} - \bar{x}_i)^2 + (\bar{x}_i^{(-)} - \bar{x}_i)^2}{\dfrac{1}{n_+ - 1}\sum\limits_{k=1}^{n_+}(x_{k,i}^{(+)} - \bar{x}_i^{(+)})^2 + \dfrac{1}{n_- - 1}\sum\limits_{k=1}^{n_-}(x_{k,i}^{(-)} - \bar{x}_i^{(-)})^2} \tag{5-1}$$

其中 $\bar{x}_i$、$\bar{x}_i^{(+)}$、$\bar{x}_i^{(-)}$ 表示特征 i 在所有数据集、阳性集和阴性集中的均值；$x_{k,i}^{(+)}$ 是阳性集中基因 k 对应的特征 i 的取值，$x_{k,i}^{(-)}$ 是阴性集中基因 k 对应的特征 i 的取值。F 值越大，表明该特征的区分能力越强。

表 5-3 给出了前 20 个打分最高的特征。可以发现，2N 指标和疾病缺失是区分度最高的两个特征。在实际应用过程中，可以根据需要确定 F 打分的阈值，以便挑选合适的特征子集作为输入，用于构建癌基因和非癌基因的分类器。

表 5-3　前 20 个具有最高 F 打分的特征

特征类型	特征名称	F 打分
网络	2N index	0.196
功能	Disease mutation	0.170
功能	Sequence variant	0.059
网络	Connectivity	0.045
序列	Molecular weight	0.043
序列	Residues	0.043
网络	1N index	0.036
功能	ATP-binding	0.034
功能	GO 0005524：ATP binding	0.032
功能	GO 0032559：adenyl ribonucleotide binding	0.032
功能	GO 0001882：nucleoside binding	0.032
功能	GO 0001883：purine nucleoside binding	0.032
功能	GO 0030554：adenyl nucleotide binding	0.032
功能	Phosphoprotein	0.031
序列	A280 Molar extinction coefficient	0.028
功能	Polymorphism	0.027
功能	GO 0032555：purine ribonucleotide binding	0.025
功能	GO 0032553：ribonucleotide binding	0.025
功能	Nucleotide-binding	0.025
功能	GO 0017076：purine nucleotide binding	0.025

5.5.3.3 模型建立与评估

本小节采用了四种机器学习方法（logistic 回归、支持向量机、贝叶斯分类器和 J48 决策树），以标准阳性集和阴性集作为训练数据集，来构建癌基因与非癌基因的分类器。将网络特征、序列属性和功能注释信息按照其 F 打分由高到低进行排序，设定合适的 F 阈值以挑选特征子集。将选定的特征作为输入用于分类器构建，以区分测试集中的癌基因与非癌基因。

在 5 倍交叉验证的基础上，评估四种机器学习方法的分类器性能。交叉验证结果对应的 ROC 曲线下面积如图 5 – 3(a)所示。结果发现，将所有特征作为输入的模型，其分类效果并不是最好的。这是因为特征中可能存在一些噪声，它们使得模型的拟合面变得过于复杂，而选择一组较为相关的特征集合作为输入，不仅可以得到相对简单的分类器，而且能够在四个模型中获得更好的分类效果。选取 F 打分的阈值为 0.03，将 14 个特征作为输入来训练分类器（表 5 – 3 的前 14 个特征），包括 3 个网络特征、2 个序列特征和 9 个功能注释信息。在基于四种机器学习方法的分类器中，其交叉验证结果的 ROC 曲线下面积分别为 0.834、0.740、0.800 和 0.782。

进一步，比较基于所有特征的 logistic 回归分类器与基于单一类型特征的分类器的表现，选取 F 打分阈值为 0.03，基于所有特征、网络特征、序列特征和功能特征分别构建分类器。不同类型特征对应的分类器性能如图 5 – 3(b)所示，它们对应的 ROC 曲线下面积分别为 0.834、0.768、0.653 和 0.747。结果表明，基于所有特征的分类器效果优于基于单一类型特征的分类器。三种特征类型在区分癌基因和非癌基因的能力上也有所差别，网络特征和功能注释信息的预测能力要强于序列特征。

5.5.4 新的潜在癌基因预测

选取 F 打分的阈值为 0.03，利用 logistic 回归模型构建分类器，将该分类器应用于 Entrez 数据库，识别其中潜在的癌基因。从 Entrez 数据

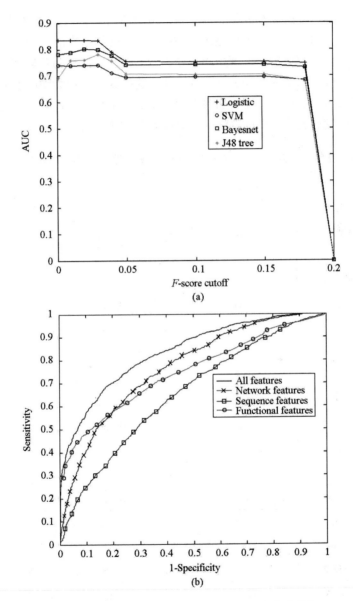

图 5 - 3　不同 F 打分阈值对应的交叉验证 AUC 变化曲线与
使用多种和单一类型特征作为输入得到的 logistic 回归分类器的 ROC 曲线

库中去掉已知的癌基因和非癌基因，将剩余的 6907 个基因输入分类器，用于癌基因的识别，结果显示 1976 个基因被预测为潜在的癌基因。通过设定如下阈值：连接度≥20、分子量 >8000、注释为基因缺失，可获得部分候选癌基因的列表（表 5 - 4）。这些候选基因为新的实验设计提供了参考数据集，有助于加深人们对于癌症的理解。而且，某些候选基因可能发展成为重要的癌症标志物或者药物靶标。

表 5 - 4 由 logistic 回归模型基础上的分类器预测得到的候选癌基因

基因名称	Entrez 索引号	连接度	1N 指标	2N 指标	分子量
VCL	7414	130	0.231	0.271	116722
NR3C1	2908	99	0.323	0.338	85659
APP	351	88	0.227	0.310	86943
STAT1	6772	85	0.435	0.375	87334
HD	3064	63	0.270	0.305	347858
ITGB3	3690	54	0.296	0.372	87057
STAT5B	6777	46	0.413	0.424	89865
ITGB2	3689	45	0.244	0.350	84781
PTPRC	5788	44	0.341	0.352	147253
ACTN2	88	44	0.250	0.271	103853
CASK	8573	41	0.122	0.220	104479
JUP	3728	37	0.432	0.354	81744
ITGB4	3691	36	0.417	0.353	202166
VCP	7415	33	0.212	0.265	89321
DNM2	1785	32	0.375	0.331	98064
HSPG2	3339	30	0.167	0.235	468823
COL2A1	1280	29	0.207	0.297	141785
C3	718	28	0.179	0.256	187163
CFTR	1080	28	0.214	0.272	168141

（续表）

基因名称	Entrez 索引号	连接度	1N 指标	2N 指标	分子量
DSP	1832	27	0.222	0.264	260118
IKBKAP	8518	25	0.280	0.311	150253
PKD1	5310	24	0.458	0.323	462415
COL4A1	1282	24	0.250	0.302	160610
PLEC1	5339	23	0.435	0.342	518471
PARD3	56288	23	0.478	0.325	151422
DMD	1756	22	0.182	0.278	425581
RIMS1	22999	20	0.250	0.272	189072
L1CAM	3897	20	0.150	0.292	140002

综上所述，识别潜在的癌基因对于理解疾病发生机制和癌症诊疗方法具有重要意义。本节整合了多种类型的生物学证据，包括网络特征、序列特征和功能注释信息来建立癌基因的分类器模型。通过 5 倍交叉验证，证明了该预测模型的有效性。评估结果表明，整合方法的性能优于基于单一生物学证据的分类器。最后，将 logistic 回归模型应用于 Entrez 基因，发现了大量潜在的癌基因，它们可优先用于后续的实验验证。

因为具有功能注释信息的基因通常是研究得最为广泛的基因，所以功能相关的证据可能存在一定的偏性。为了消除单个证据中偏性的影响，考察了来自蛋白质相互作用网络、功能和序列的三种不同类型的生物学证据，以便更加准确地识别潜在的癌基因。提出的预测方法不仅能够有效地发现癌基因，而且对于从多个角度综合理解癌症机制有一定帮助。在未来的研究中，可以考虑整合更多的数据源，如基因表达数据和蛋白质结构信息，以进一步提高分类器的准确率和应用范围。

参 考 文 献

[1] Maglott D, Ostell J, Pruitt K D, et al. Entrez Gene: gene-centered information at NCBI. Nucleic Acids Research, 2007, 35 (Database issue): D26 – D31.

[2] Gao Z, Li H, Zhang H, et al. PDTD: a web-accessible protein database for drug target identification. BMC Bioinformatics, 2008, 9: 104.

[3] Rhodes D R, Kalyana-Sundaram S, Mahavisno V, et al. Oncomine 3.0: genes, pathways, and networks in a collection of 18,000 cancer gene expression profiles. Neoplasia, 2007, 9(2): 166 – 180.

[4] Le Novre N, Bornstein B, Broicher A, et al. BioModels Database: a free, centralized database of curated, published, quantitative kinetic models of biochemical and cellular systems. Nucleic Acids Research, 2006, 34: D689 – D691.

[5] Olivier B, Snoep J. Web-based kinetic modelling using JWS Online. Bioinformatics, 2004, 20(13): 2143 – 2144.

[6] Ricke D O, Wang S, Cai R, et al. Genomic approaches to drug discovery. Curr. Opin. Chem. Biol., 2006, 10(4): 303 – 308.

[7] Conde-Pueyo N, Munteanu A, Solé R V, et al. Human synthetic lethal inference as potential anti-cancer target gene detection. BMC Syst. Biol., 2009, 3: 116.

[8] Hu G, Agarwal P. Human disease-drug network based on genomic expression profiles. PLoS One, 2009, 4(8): e6536.

[9] Subramanian A, Kuehn H, Gould J, et al. GSEA-P: a desktop application for Gene Set Enrichment Analysis. Bioinformatics, 2007, 23(23): 3251 – 3253.

[10] Autio R, Kilpinen S, Saarela M, et al. Comparison of Affymetrix data normalization methods using 6,926 experiments across five array

generations. BMC Bioinformatics, 2009, 10(Suppl 1): S24.

[11] Stafford P, Brun M. Three methods for optimization of cross-laboratory and cross-platform microarray expression data. Nucleic Acids Research, 2007, 35(10): e72.

[12] Rhodes D R, Yu J, Shanker K, et al. Large-scale meta-analysis of cancer microarray data identifies common transcriptional profiles of neoplastic transformation and progression. Proc. Natl. Acad. Sci. USA, 2004, 101(25): 9309 – 9314.

[13] Xu L, Geman D, Winslow R L. Large-scale integration of cancer microarray data identifies a robust common cancer signature. BMC Bioinformatics, 2007, 8: 275.

[14] Bakheet T M, Doig A J. Properties and identification of human protein drug targets. Bioinformatics, 2009, 25(4): 451 – 457.

[15] Xu J, Li Y. Discovering disease-genes by topological features in human protein-protein interaction network. Bioinformatics, 2006, 22 (22): 2800 – 2805.

[16] Ostlund G, Lindskog M, Sonnhammer E L. Network-based identification of novel cancer genes. Mol. Cell Proteomics, 2010, 9 (4): 648 – 655.

[17] Li L, Zhang K, Lee J, et al. Discovering cancer genes by integrating network and functional properties. BMC Medical Genomics, 2009, 2: 61.

[18] Hu X, Zhang Y, Zhang A, et al. Comparative serum proteome analysis of human lymph node negative/positive invasive ductal carcinoma of the breast and benign breast disease controls via label-free semiquantitative shotgun technology. OMICS, 2009, 13(4): 291 – 300.

[19] Sleno L, Emili A. Proteomic methods for drug target discovery. Curr. Opin. Chem. Biol., 2008, 12(1): 46 – 54.

[20] Elin Pohjanen, Elin Thysell, Johan Lindberg, et al. Statistical multivariate metabolite profiling for aiding biomarker pattern detection

and mechanistic interpretations in GC/MS based metabolomics. Metabolomics, 2006, 2(4): 257 – 268.

[21] Sridhar P, Song B, Kahveci T, et al. Mining metabolic networks for optimal drug targets. Pac. Symp. Biocomput., 2008, 281 – 302.

[22] Li Z, Wang R S, Zhang X S, et al. Detecting drug targets with minimum side effects in metabolic networks. IET Syst. Biol., 2009, 3 (6): 523 – 533.

[23] Yang Y, Adelstein S J, Kassis A I. Target discovery from data mining approaches. Drug Discov. Today, 2009, 14(3 – 4): 147 – 154.

[24] Wang H, Huang M, Zhu X. Extract interaction detection methods from the biological literature. BMC Bioinformatics, 2009, 10 (1): S55.

[25] Purohit R, Rajendran V, Sethumadhavan R. Relationship between mutation of serine residue at 315th position in M. tuberculosis catalase-peroxidase enzyme and Isoniazid susceptibility: An in silico analysis. J. Mol. Model., 2010.

[26] Schulz M, Bakker B M, Klipp E. Tide: a software for the systematic scanning of drug targets in kinetic network models. BMC Bioinformatics, 2009, 10: 344.

[27] Chu L H, Chen B S. Construction of a cancer-perturbed protein-protein interaction network for discovery of apoptosis drug targets. BMC Syst. Biol., 2008, 2: 56.

[28] Zanzoni A, Soler-López M, Aloy P. A network medicine approach to human disease. FEBS Lett, 2009, 583(11): 1759 – 1765.

[29] Pujol A, Mosca R, Farrés J, et al. Unveiling the role of network and systems biology in drug discovery. Trends Pharmacol. Sci., 2010, 31 (3): 115 – 123.

[30] Halgren T A. Identifying and characterizing binding sites and assessing druggability. J. Chem. Inf. Model, 2009, 49 (2): 377 – 389.

[31] Sugaya N, Ikeda K, Tashiro T, et al. An integrative in silico

approach for discovering candidates for drug-targetable protein-protein interactions in interactome data. BMC Pharmacol., 2007, 7: 10.

[32] Sugaya N, Ikeda K. Assessing the druggability of protein-protein interactions by a supervised machine-learning method. BMC Bioinformatics, 2009, 10: 263.

[33] Wiechec E, Hansen L L. The effect of genetic variability on drug response in conventional breast cancer treatment. Eur. J. Pharmacol., 2009, 625(1 − 3): 122 − 130.

[34] Xie L, Li J, Xie L, et al. Drug discovery using chemical systems biology: identification of the protein-ligand binding network to explain the side effects of CETP inhibitors. PLoS Comput. Biol., 2009, 5 (5): e1000387.

[35] Vogelstein B, Kinzler K W. Cancer genes and the pathways they control. Nat. Med., 2004, 10: 789 − 799.

[36] Futreal P A, Coin L, Marshall M, et al. A census of human cancer genes. Nat. Rev. Cancer, 2004, 4(3): 177 − 183.

[37] Strausberg R L, Simpson A J, Wooster R. Sequence-based cancer genomics: progress, lessons and opportunities. Nat. Rev. Genet., 2003, 4(6): 409 − 418.

[38] Altshuler D, Daly M J, Lander E S. Genetic mapping in human disease. Science, 2008, 322(5903): 881 − 888.

[39] Aragues R, Sander C, Oliva B. Predicting cancer involvement of genes from heterogeneous data. BMC Bioinformatics, 2008, 9: 172.

[40] Furney S J, Higgins D G, Ouzounis C A, et al. Structural and functional properties of genes involved in human cancer. BMC Genomics, 2006, 7: 3.

[41] Ostlund G, Lindskog M, Sonnhammer E L. Network-based identification of novel cancer genes. Mol. Cell Proteomics, 2010, 9 (4): 648 − 655.

[42] Li L, Zhang K, Lee J, et al. Discovering cancer genes by integrating network and functional properties. BMC Med. Genomics, 2009,

2：61.

[43] Wang E, Lenferink A, O´Connor-McCourt M. Cancer systems biology: exploring cancer-associated genes on cellular networks. Cell Mol. Life Sci., 2007, 64(14): 1752 – 1762.

[44] Milenkovic T, Memisevic V, Ganesan A K, et al. Systems-level cancer gene identification from protein interaction network topology applied to melanogenesis-related functional genomics data. J. R. Soc., 2010, 7(44): 423 – 437.

[45] Brown K R, Jurisica I. Online predicted human interaction database. Bioinformatics, 2005, 21(9): 2076 – 2082.

[46] Alfarano C, Andrade C E, Anthony K, et al. The Biomolecular Interaction Network Database and related tools 2005 update. Nucleic Acids Res., 2005, 33(Database issue): D418 – 424.

[47] Peri S, Navarro J D, Kristiansen T Z, et al. Human protein reference database as a discovery resource for proteomics. Nucleic Acids Res., 2004, 32(Database issue): D497 – 501.

[48] Chatr-aryamontri A, Ceol A, Palazzi L M, et al. MINT: the Molecular INTeraction database. Nucleic Acids Res., 2007, 35 (Database issue): D572 – 574.

[49] Cui Q, Ma Y, Jaramillo M, et al. A map of human cancer signaling. Mol. Syst. Biol., 2007, 3: 152.

[50] Hamosh A, Scott A F, Amberger J S, et al. Online Mendelian Inheritance in Man (OMIM), a knowledgebase of human genes and genetic disorders. Nucleic Acids Res., 2005, 33 (Database issue): D514 – 517.

[51] D´Antonio M, Pendino V, Sinha S, et al. Network of Cancer Genes (NCG 3. 0): integration and analysis of genetic and network properties of cancer genes. Nucleic Acids Res., 2012, 40 (Database issue): D978 – 983.

[52] Maglott D, Ostell J, Pruitt K D, et al. Entrez Gene: gene-centered information at NCBI. Nucleic Acids Res., 2007, 35 (Database

issue）：D26 – 31.

[53] Tu Z, Wang L, Xu M, et al. Further understanding human disease genes by comparing with housekeeping genes and other genes. BMC Genomics, 2006, 7：31.

[54] Xu J, Li Y. Discovering disease-genes by topological features in human protein-protein interaction network. Bioinformatics, 2006, 22 (22)：2800 – 2805.

[55] Kyte J, Doolittle R F. A simple method for displaying the hydropathic character of a protein. J. Mol. Biol., 1982, 157(1)：105 – 132.

[56] Bakheet T M, Doig A J. Properties and identification of human protein drug targets. Bioinformatics, 2009, 25(4)：451 – 457.

[57] Harris M A, Clark J, Ireland A, et al. The Gene Ontology (GO) database and informatics resource. Nucleic Acids Res., 2004, 32 (Database issue)：D258 – 261.

[58] Huang da W, Sherman B T, Lempicki R A. Bioinformatics enrichment tools：paths toward the comprehensive functional analysis of large gene lists. Nucleic Acids Res., 2009, 37(1)：1 – 13.

[59] Frank E, Hall M, Trigg L, et al. Data mining in bioinformatics using Weka. Bioinformatics, 2004, 20(15)：2479 – 2481.

[60] Hanley J A, McNeil B J. The meaning and use of the area under a receiver operating characteristic (ROC) curve. Radiology, 1982, 143(1)：29 – 36.

第6章 生物网络属性与疾病关联研究

近几十年来，通过对人类疾病的不断研究，人们已经获得了异常与疾病之间对应关系的详细列表[1-4]。从疾病分类数据出发，研究人员建立了一系列疾病网络来探索异常类和多种疾病通用基因起源之间的关系[5-7]。例如，Goh 等建立了人类疾病网络，探索了参与相互作用的疾病蛋白质所特有的表达模式[2]。将疾病蛋白与相互作用网络相结合提供了一个良好的研究思路，能够帮助人们理解不同疾病的分子基础。

尽管引发遗传学疾病的基因缺陷是广泛存在的，但是通常疾病仅在特定的组织或细胞类型中发生。有研究表明，在发生疾病的组织中，疾病基因的表达水平往往会出现异常的升高[8-9]。这说明疾病蛋白在其表达组织中具有高度的选择性和脆弱性。Barshir 等通过整合多个组织的基因表达和蛋白质相互作用数据，分析了遗传学疾病的组织特异性，证实了这一结论[10]。然而以往研究还不够全面和深入，主要体现在：研究所使用的蛋白质表达数据和相互作用网络远远不够完整，而且很少有人分析过异常类与组织之间的对应关系。

随着人类蛋白质表达图谱[11-12]和相互作用网络[13]的发布，有必要建立更大规模的疾病蛋白集合，并综合分析这些蛋白的组织表达特性和网络属性。本章首先识别了人整合蛋白质相互作用网络中的疾病蛋白，然后根据它们的异常类分析了其组织表达特性和网络属性。其次，考察了各个异常类的专有部分以及与其他异常类之间的交叠，以研究不同异常类的特异性和相似性。再次，本章将各个异常类中的蛋白扩展为对应的相互作用网络，然后分析它们的网络属性。最后，将异常类中的蛋白质匹配到组织表达数据，以揭示异常类与组织/细胞之间的对应关系。

6.1 基因异常类的划分

人类孟德尔遗传学数据库 OMIM 存储了人类疾病基因和表型[14]，由该数据库可获得异常类、疾病基因以及它们之间的关系列表（下载时间：2015 年 5 月 1 日）。列表包含了 3971 个异常和 6765 个疾病基因。根据异常所影响的生物系统，本节将所有异常划分为 22 个异常类，包括癌症类、心血管类、呼吸类、发育类、代谢类、免疫类、肌肉类和骨骼类等。相比之前文献报道的数据集[2]，本节建立的异常数据集规模更大，而且对分类方法进行了修改，增加了生殖类，同时将骨与骨骼合并为一类。

6.2 异常类中疾病蛋白属性分析

6.2.1 按照异常类分析疾病蛋白的属性

根据人蛋白质的异常信息和整合蛋白质相互作用网络，本节系统地研究了疾病蛋白和非疾病蛋白的网络属性。相比非疾病蛋白，疾病蛋白倾向于在更多的组织中表达，具有更高的表达水平，在网络中与更多的其他蛋白发生相互作用（图 6 - 1(a)）。尽管蛋白质的表达水平是在正常样本中测得的，然而这些发现表明，疾病蛋白的属性即使在正常状态下也与非疾病蛋白的属性存在很大的差异。

然后，计算不同异常类中疾病蛋白的平均表达组织数、表达水平和网络连接度（图 6 - 1(b) ~ (d)）。结果发现，相比其他异常类的蛋白，代谢类蛋白表达最为广泛，它们平均在 21.03 个组织/细胞中表达；而营养类蛋白表达最为受限，平均在 6.52 个组织/细胞中有表达。肌肉类蛋白具有最高的平均表达水平，高达 140.19；而营养类蛋白具有平均最低的表达水平，仅为 6.80。癌症类蛋白具有最高的网络连接度，它们平均与 62.97 个其他蛋白发生相互作用；而牙齿类蛋白具有最低的网络连接度，平均与 9.5 个其他蛋白发生相互作用。从此分析可知，不同异常类的疾病蛋白在组织表达数、表达水平和网络连接度上都有很大的波动。特别地，疾病蛋白的表达水平不仅与非疾病蛋白有明显差异，而且在不同异常类之间的波动也较大。这说明蛋白质的平均表达水平是区分疾病蛋白与非疾病蛋白以及不同异常类蛋白质的重要指标。

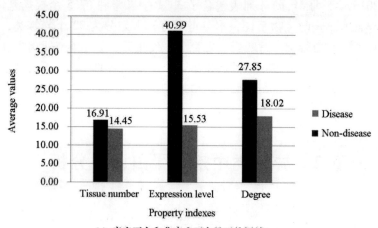

(a) 疾病蛋白和非疾病蛋白的平均属性

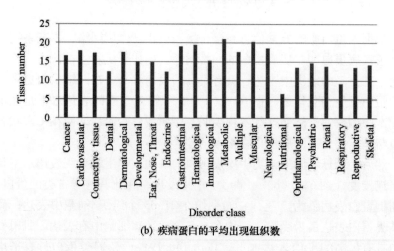

(b) 疾病蛋白的平均出现组织数

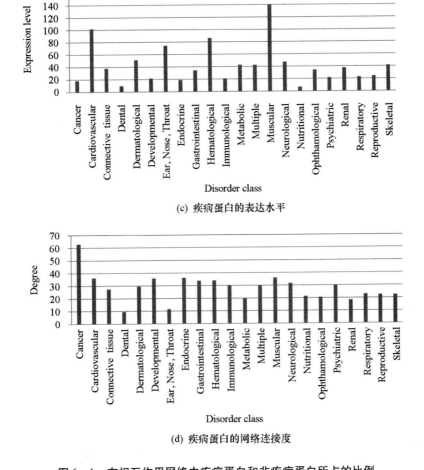

(c) 疾病蛋白的表达水平

(d) 疾病蛋白的网络连接度

图 6 - 1　在相互作用网络中疾病蛋白和非疾病蛋白所占的比例

6.2.2　根据共有蛋白分析异常类

在异常类数据集中，某些疾病蛋白仅在单个异常类中出现，称为独有蛋白。而其他一些蛋白则为多个异常类所共有，称为共有蛋白。通过计算独有蛋白占每个异常类的比例，可以评估各异常类的特异性（图

6 - 2(a))。结果表明，所有的异常类都包含相当比例的独有疾病蛋白
（平均69.72%）；在所有异常类中，营养类蛋白具有最高的特异性，它
们具有最大比例的独有蛋白（85.71%）；而牙齿和呼吸类蛋白具有较
弱的特异性，分别含有46.15%和46.48%的独有蛋白。

　　进一步，分析在多个异常类中出现的疾病蛋白。理论上，那些包含
更多共有蛋白的异常类倾向于与其他异常类具有更强的关联性。通过计
算交叠部分占每个异常类的百分比，可以研究各异常类之间的相似性
（见彩插图6 - 2(b)）。总的来说，不同异常类之间交叠蛋白的比例是较
低的（平均2.36%）。仅有一些异常类之间展现出了中度的相似性，如
牙齿类和多类（23.08%）、骨骼类和连接组织类（22.37%）、免疫类
和呼吸类（18.31%）。通过限定交叠比例在3%以上，可以得到异常类
之间关系的描述图（图6 - 2(c)）。特别是，多类与其他异常类有较高
的交叠比例（平均8.17%），这与它描述人类系统疾病的本质相符。同
时，还发现神经类、免疫类与其他异常类之间存在广泛的交联。

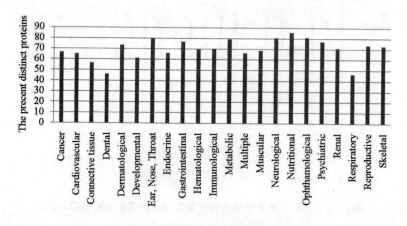

(a) 在每个异常类中共有蛋白的比例

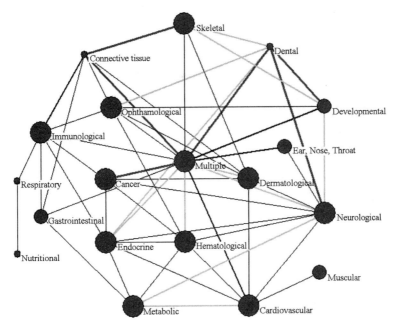

(c) 根据共有蛋白得到的不同异常类之间的关系图

说明：节点的大小反映了每个异常类中蛋白数目的多少。

图 6 - 2　异常类之间的交叠蛋白分析

6.3　异常类对应网络的属性分析

　　由于不同异常类之间的交叠较少，无法综合地反映出异常类之间的相似程度，因此，本节通过考虑蛋白的相互作用邻居，将每个异常类中的疾病蛋白扩展为相应的疾病网络。然后计算各个异常网络中的蛋白质数目，结果发现不同异常类的网络规模相差较大（图 6 - 3（a））。在所有的异常类中，神经类蛋白具有最多的相互作用邻居（6655 个），其次是癌症类蛋白，具有 5890 个相互作用邻居。同时，本节发现各个异常类的相互作用邻居大部分也包含在原异常类内（图 6 - 3（b））。例如，83% 的癌症类蛋白和 73% 的造血类蛋白参与了自身异常类的相互作用。

这说明，在各个异常类内部的疾病蛋白之间存在着广泛的联系。

通过分析不同异常类网络之间的交叠，可以从相互作用网络的角度衡量不同异常类之间的相似性（见彩插图 6 –3(c)）。分析发现，22 个异常类网络与其他网络的交叠部分占各自网络的平均比例是 40.9%，远高于不同异常蛋白间的交叠比例（平均 2.36%）。该结果表明，不同的异常类通常通过它们的相互作用邻居来彼此施加影响。当限定不同网络间共有百分比大于 50% 时，可以提取出不同异常类之间的主要关系（图 6 –3(d)）。相比图 6 –2(c)，图 6 –3(d)中不同异常类之间存在着更加紧密的联系。作为相互作用图的中心节点，神经类和多类与其他异常类有着非常密切的联系。代谢类与其他 9 个异常类有关联，多于图 6 –2(c)中的 5 条边。

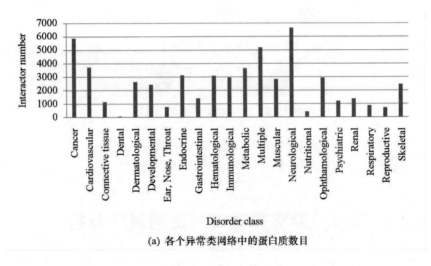

(a) 各个异常类网络中的蛋白质数目

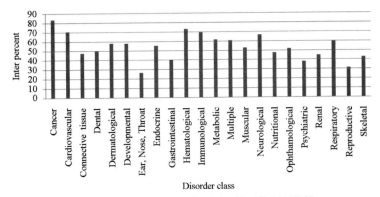

(b) 各个异常类中参与内部相互作用的蛋白质比例

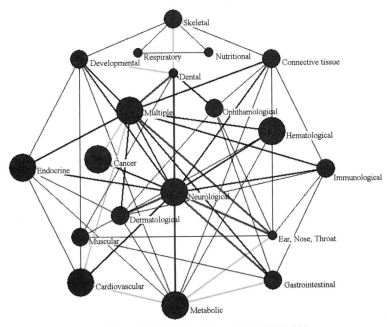

(d) 根据交叠比例计算得到的不同异常类网络的关系图

说明：节点尺寸反映了每个异常类网络中节点的数目。

图 6 - 3　不同异常类网络之间的交叠分析

6.4 异常类与组织特异性的关联分析

本节在自定义的富集系数和显著性 p 值的基础上，识别在组织中显著富集的异常类，并分析各异常类与组织/细胞之间的对应关系。

6.4.1 计算疾病蛋白的富集系数和 p 值

为了考察特定异常类相比整个蛋白质表达数据集，在某个组织或细胞内表达的疾病蛋白的富集程度，这里提出了一个新的指标 ER。对于异常类 i 和组织 j，对应的 ER_{ij} 定义为：

$$\mathrm{ER}_{ij} = \frac{\dfrac{m_{ij}}{M_j}}{\dfrac{n_i}{N}} \qquad (6-1)$$

其中 N 是整个数据库中疾病蛋白质的数目，M_j 是在组织 j 中表达的疾病蛋白的数目。对于异常类 i，n_i 定义为其在所有的组织/细胞中都有表达的疾病蛋白的数目，而 m_{ij} 是在组织 j 中表达的疾病蛋白的数目。如果 ER_{ij} 大于某个特定阈值，如 1，那么认为异常类 i 中的疾病蛋白在组织 j 中显著富集。如果 ER_{ij} 小于某个 1，那么认为异常类 i 中的疾病蛋白在组织 j 中显著缺失。通过将 i 在 1 到 22 之间变化，j 在 1 到 30 之间变化，可以用类似方法提取出 30 个组织/细胞中 22 个异常类的富集程度。

进一步，为了研究某个异常类中的疾病蛋白是否总在某个组织/细胞中出现或碰巧出现，这里进行了假设检验。利用超几何累积分布分析给定异常类在各个组织/细胞中出现的富集显著性。对于异常类 i 和组织 j，它对应的 p_{ij} 定义为：

$$p_{ij} = \sum_{m'=m_{ij}}^{n_i} \frac{\dbinom{M_j}{m'}\dbinom{N-M_j}{n_i-m'}}{\dbinom{N}{n_i}} \quad (\mathrm{ER}_{ij} \geqslant 1) \qquad (6-2)$$

$$p_{ij} = \sum_{m'=0}^{m_{ij}} \frac{\binom{M_j}{m'}\binom{N - M_j}{n_i - m'}}{\binom{N}{n_i}} \quad (ER_{ij} < 1) \qquad (6-3)$$

通过设定 p 值的阈值，能够发现在各个组织/细胞中显著富集的异常类。如果 $ER_{ij} > 1$ 且 $p_{ij} < 0.05$，那么在异常类 i 中的疾病蛋白被认为在组织 j 中显著富集。

6.4.2 分析异常类与组织/细胞之间的对应关系

在人的蛋白质表达数据的基础上，分析在不同组织/细胞中疾病蛋白的表达特性，以便揭示不同异常类与组织/细胞的对应关系。通过计算组织 j 中第 i 个异常类的 ER_{ij} 和 p_{ij}（$i = 1 \sim 22$，$j = 1 \sim 30$）值，能够识别出在每个组织/细胞中富集的异常类。

图 6-4 给出了 30 个组织/细胞中显著富集的异常类，它们的 ER 值均大于 1.1，p 值小于 0.05。相比其他异常类中的蛋白质，代谢、肌肉和造血类中的蛋白质与更多的组织/细胞相关联。特别是，代谢类蛋白在成人肾脏（ER = 1.44）和胚胎肝脏（ER = 1.36）中富集，造血类蛋白在血小板（ER = 1.45）和胎盘（ER = 1.34）中富集，消化类蛋白在成人肝脏（ER = 1.31）和成人肾脏（ER = 1.37）中富集。这些发现与人们已有的生物学知识相符。同时，该研究还能够揭示胚胎组织与其对应成人组织之间的功能改变。例如，心脏类蛋白在胚胎心脏（ER = 1.19）和胚胎肝脏（ER = 1.11）中富集，然而它们仅在成人心脏（ER = 1.20）中富集，而不在成人肝脏中富集，说明成人肝脏在血液循环系统中不再发挥重要作用。另外，癌症类蛋白在 B 细胞、NK 细胞和 CD4 细胞中显著富集，提示癌症发生可能与免疫细胞缺陷有密切联系。

综上所述，通过建立人的异常类蛋白集合和整合的相互作用网络，本章系统地分析了不同异常类中疾病蛋白和非疾病蛋白的属性。相比非疾病蛋白，疾病蛋白倾向于在更多的组织中表达，具有更高的表达水平，在网络中与更多的其他蛋白发生相互作用。不同异常类中，疾病蛋白的组织特异性、平均表达水平和网络连接度各不相同。然后，比较了

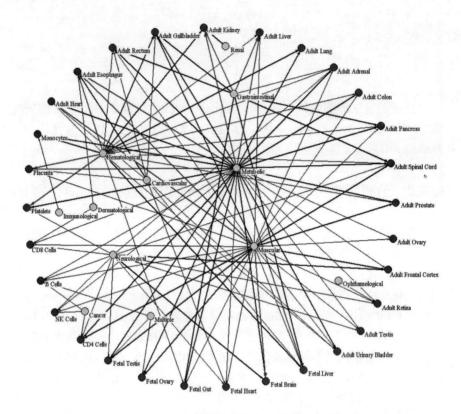

说明：组织节点标注为深色圆形，异常类节点标注为浅色圆形。

图 6 - 4　30 个组织/细胞所对应的异常类

不同异常类蛋白和网络之间的交叠比例，以考察不同异常类的相似性。结论是，不同异常类网络间的交叠比例相比异常类蛋白间的交叠比例更高，说明不同的异常类通常是通过它们的相互作用邻居来彼此施加影响。最后，为了揭示异常类与组织/细胞之间的对应关系，分析了各组织中显著富集的异常类。研究结果发现，相比其他异常类的蛋白，代谢、肌肉和造血类蛋白与更多的组织/细胞相关，而癌症发生与免疫细胞的缺陷有密切联系。这些发现有助于人们了解异常与组织之间的对应关系，更好地揭示各种疾病的起源和发生机制。

参 考 文 献

[1]　Wysocki K, Ritter L. Diseasome: an approach to understanding gene-disease interactions. Annu. Rev. Nurs. Res., 2011, 29: 55 –72.

[2]　Goh K I, Cusick M E, Valle D, et al. The human disease network. PNAS, 2007, 104(21): 8685 –8690.

[3]　Goh K I, Choi I G. Exploring the human diseasome: the human disease network. Brief Funct Genomics, 2012, 11(6): 533 –542.

[4]　Loscalzo J. Systems biology and personalized medicine: a network approach to human disease. Proc. Am. Thorac. Soc., 2011, 8(2): 196 –198.

[5]　Emmert-Streib F, Tripathi S, Simoes R M, Hawwa A F, Dehmer M. The human disease network. Systems Biomedicine, 2013, 1(1): 20 –28.

[6]　Barabasi A L, Gulbahce N, Loscalzo J. Network medicine: a network-based approach to human disease. Nat. Rev. Genet., 2011, 12(1): 56 –68.

[7]　Janjic V, Przulj N. Biological function through network topology: a survey of the human diseasome. Brief Funct Genomics, 2012, 11(6): 522 –532.

[8]　Lage K, Hansen N T, Karlberg E O, Eklund A C, Roque F S, et al. A large scale analysis of tissue-specific pathology and gene expression of human disease genes and complexes. Proc. Natl. Acad. Sci. USA, 2008, 105: 20870 –20875.

[9]　Reverter A, Ingham A, Dalrymple B P. Mining tissue specificity, gene connectivity and disease association to reveal a set of genes that modify the action of disease causing genes. BioData Min., 2008, 1: 8.

[10]　Barshir R, Shwartz O, Smoly I Y, Yeger-Lotem E. Comparative analysis of human tissue interactomes reveals factors leading to tissue-

specific manifestation of hereditary diseases. PLoS Comput. Biol., 2014, 10(6): e1003632.

[11] Kim M S, Pinto S M, Getnet D, et al. A draft map of the human proteome. Nature, 2014, 509(7502): 575 – 581.

[12] Wilhelm M, Schlegl J, Hahne, H, et al. Mass-spectrometry-based draft of the human proteome. Nature, 2014, 509(7502): 582 – 587.

[13] Liu W, Wang J, Wang T, Xie H. Construction and analyses of human large-scale tissue specific networks. PLoS One, 2014, 9 (12): e115074.

[14] Hamosh A, Scott A F, Amberger J S, et al. Online Mendelian Inheritance in Man (OMIM), a knowledgebase of human genes and genetic disorders. Nucleic Acids Res., 2005, 33: D514 – D517.

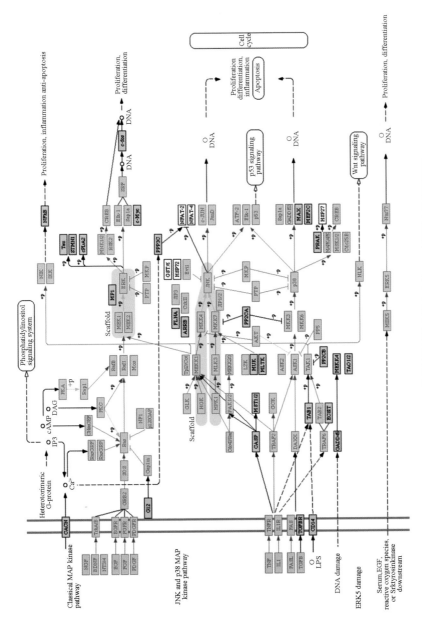

图3-6 基于结构域的方法在人的MAPK通路中的预测结果

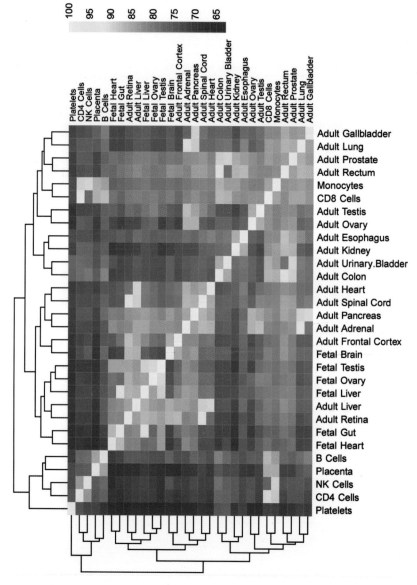

图4-4 组织特异网络相似性热图

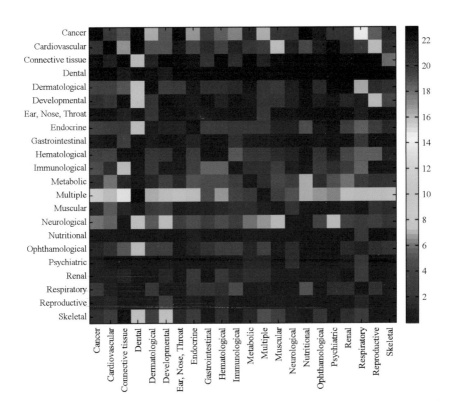

图 6 − 2(b)　根据共有蛋白得到的异常类相似性热图

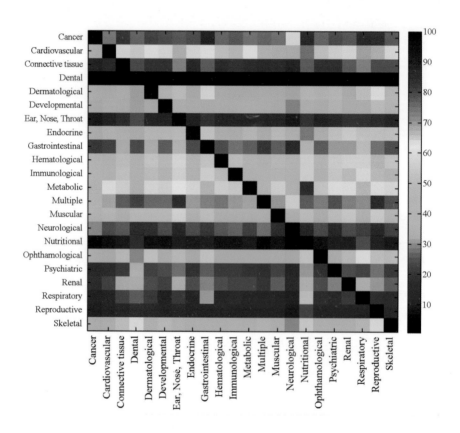

图 6 - 3(c) 根据交叠比例计算得到的异常类网络相似性热图